中星宿

MIDDLE
CONSTELLATION

域 格 · 切 洛 维 奇

Jug Cerović

目 录

TABLE OF CONTENTS

序
言

INTRODUCTION

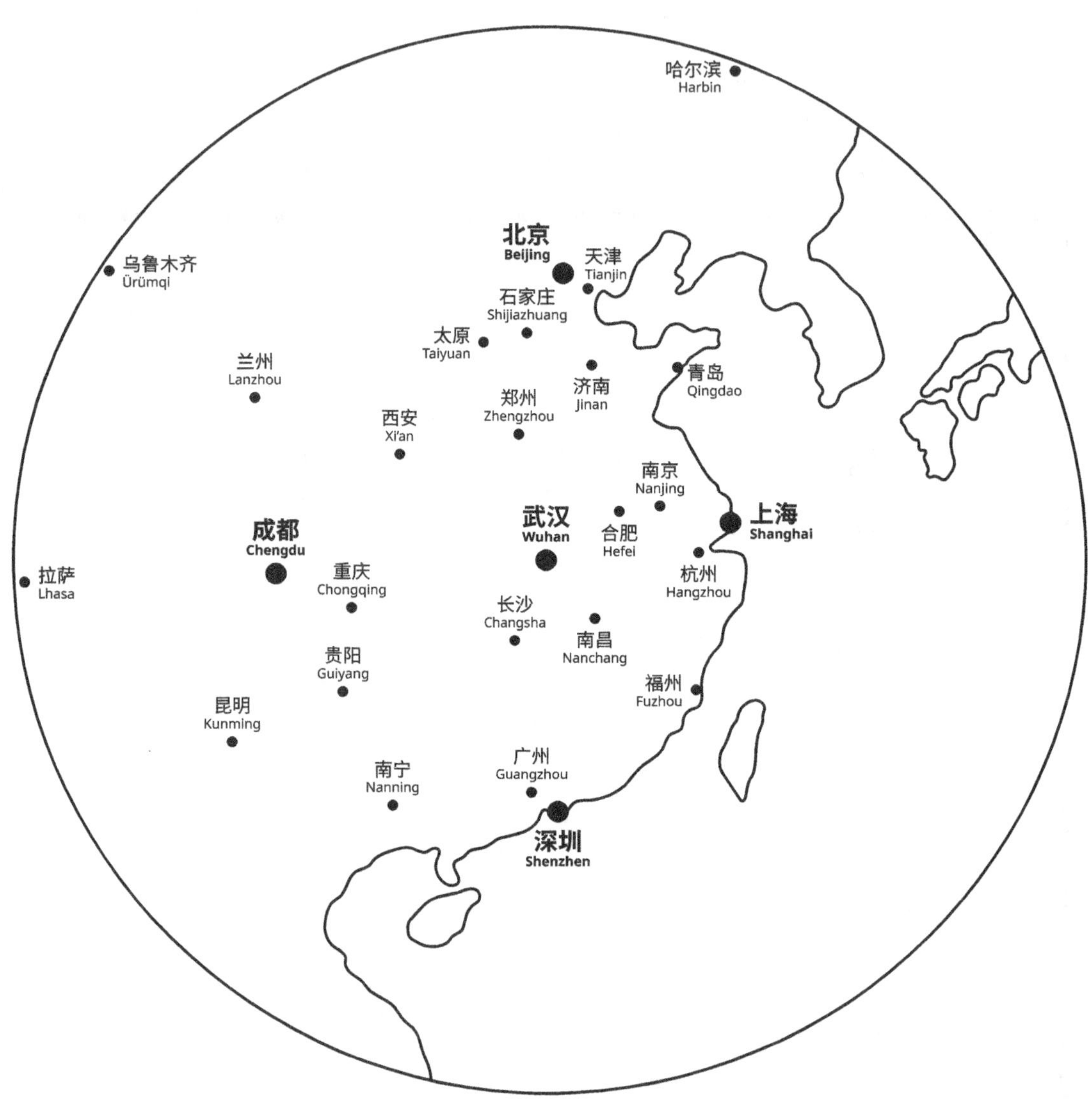

哈尔滨
Harbin
乌鲁木齐
Ürümqi
北京
Beijing
天津
Tianjin
石家庄
Shijiazhuang
太原
Taiyuan
兰州
Lanzhou
郑州
Zhengzhou
济南
Jinan
青岛
Qingdao
西安
Xi'an
南京
Nanjing
上海
Shanghai
成都
Chengdu
武汉
Wuhan
合肥
Hefei
重庆
Chongqing
杭州
Hangzhou
拉萨
Lhasa
长沙
Changsha
南昌
Nanchang
贵阳
Guiyang
福州
Fuzhou
昆明
Kunming
南宁
Nanning
广州
Guangzhou
深圳
Shenzhen

首 先 我 们 绘 制 浩 瀚 天 空 ， 之 后 开 始
画 出 陆 地 。
地 球 上 看 似 随 意 分 布 的 城 市 像 苍 穹
的 点 点 星 辰 ， 因 为 它 们 如 同 星 宿
一 般 被 想 象 的 路 径 牵 引 相 连 。

First we mapped the heavens, then we started
mapping the land.
Cities may seem randomly scattered on earth like
stars in the firmament, yet they are connected
by imaginary lines like the stars in a constellation.

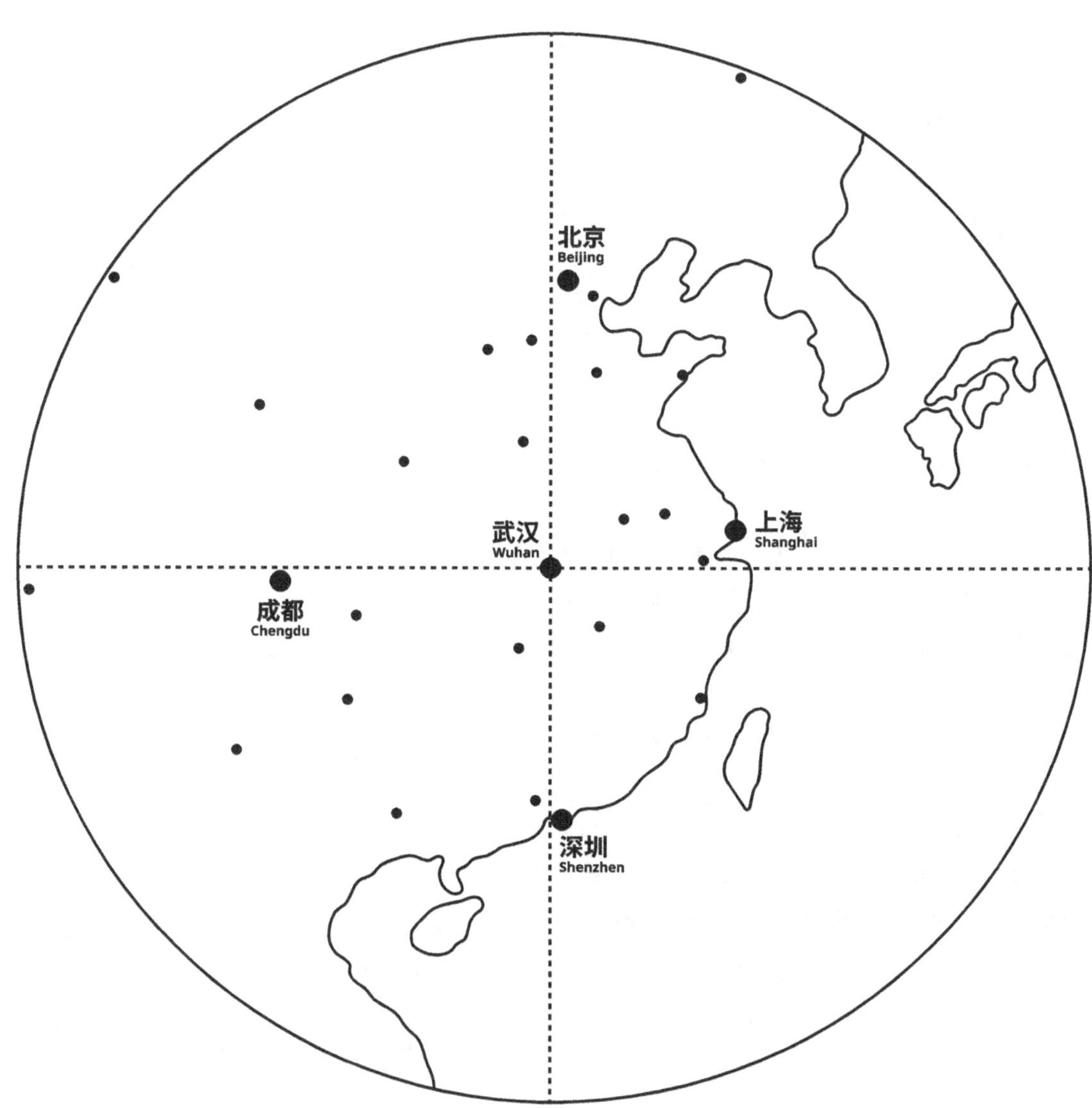

北京
Beijing
上海
Shanghai
武汉
Wuhan
成都
Chengdu
深圳
Shenzhen

北京 和 深 圳 与 南 北 轴 线 相 邻 。
上 海 和 成 都 则 位 于 东 西 横 轴 。
这 些 轴 线 相 交 于 武 汉 。

Beijing and Shenzhen lie close to a north-south axis.
Shanghai and Chengdu lie close to a horizontal axis.
These axes intersect in Wuhan.

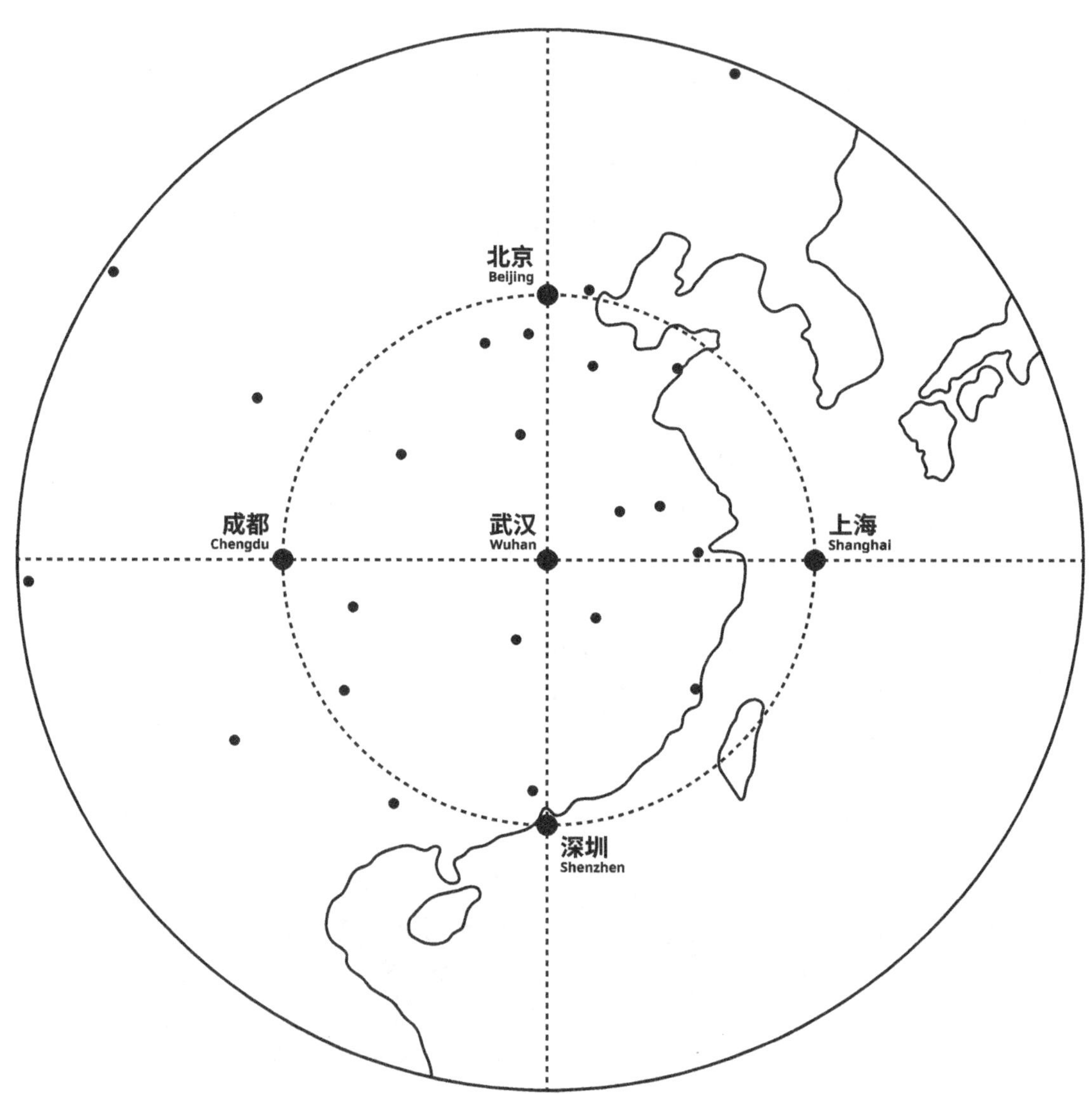

北京
Beijing
成都
Chengdu
武汉
Wuhan
上海
Shanghai
深圳
Shenzhen

从武汉到北京，上海，深圳和成都
距离是相似的。
从北京到上海，上海到深圳，深圳
到成都，及成都到北京距离也都
差不多。

The distances from Wuhan to Beijing, Shanghai, Shenzhen, and Chengdu are similar.
The distances from Beijing to Shanghai, Shanghai to Shenzhen, Shenzhen to Chengdu, and Chengdu to Beijing are all similar.

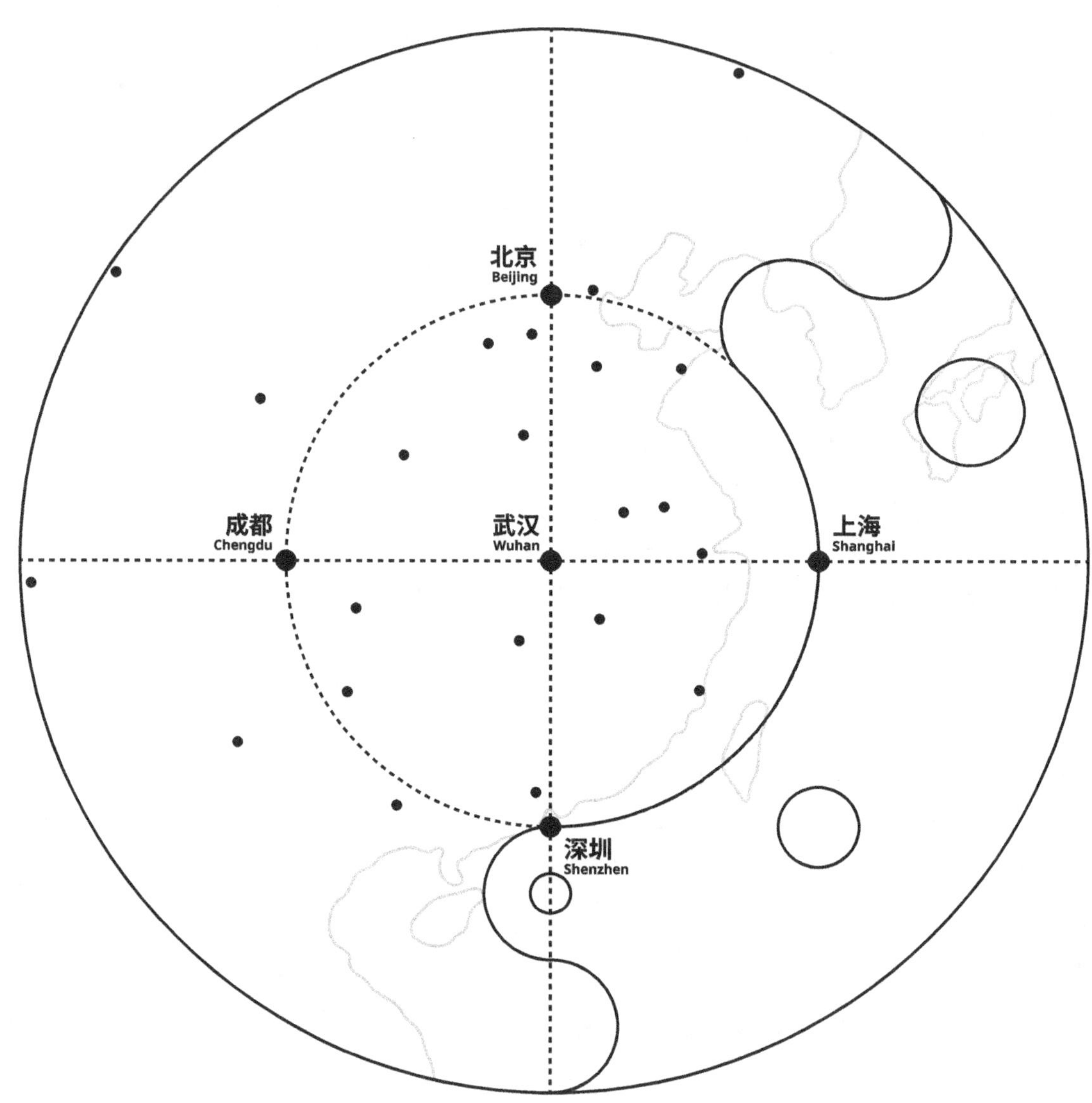

北京
Beijing
成都
Chengdu
武汉
Wuhan
上海
Shanghai
深圳
Shenzhen

由 海 岸 线 能 综 观 全 局 。
它 可 以 简 化 成 一 系 列 的 圆 形 图 像 。

The coastline provides context.
It can be simplified into a series of circles.

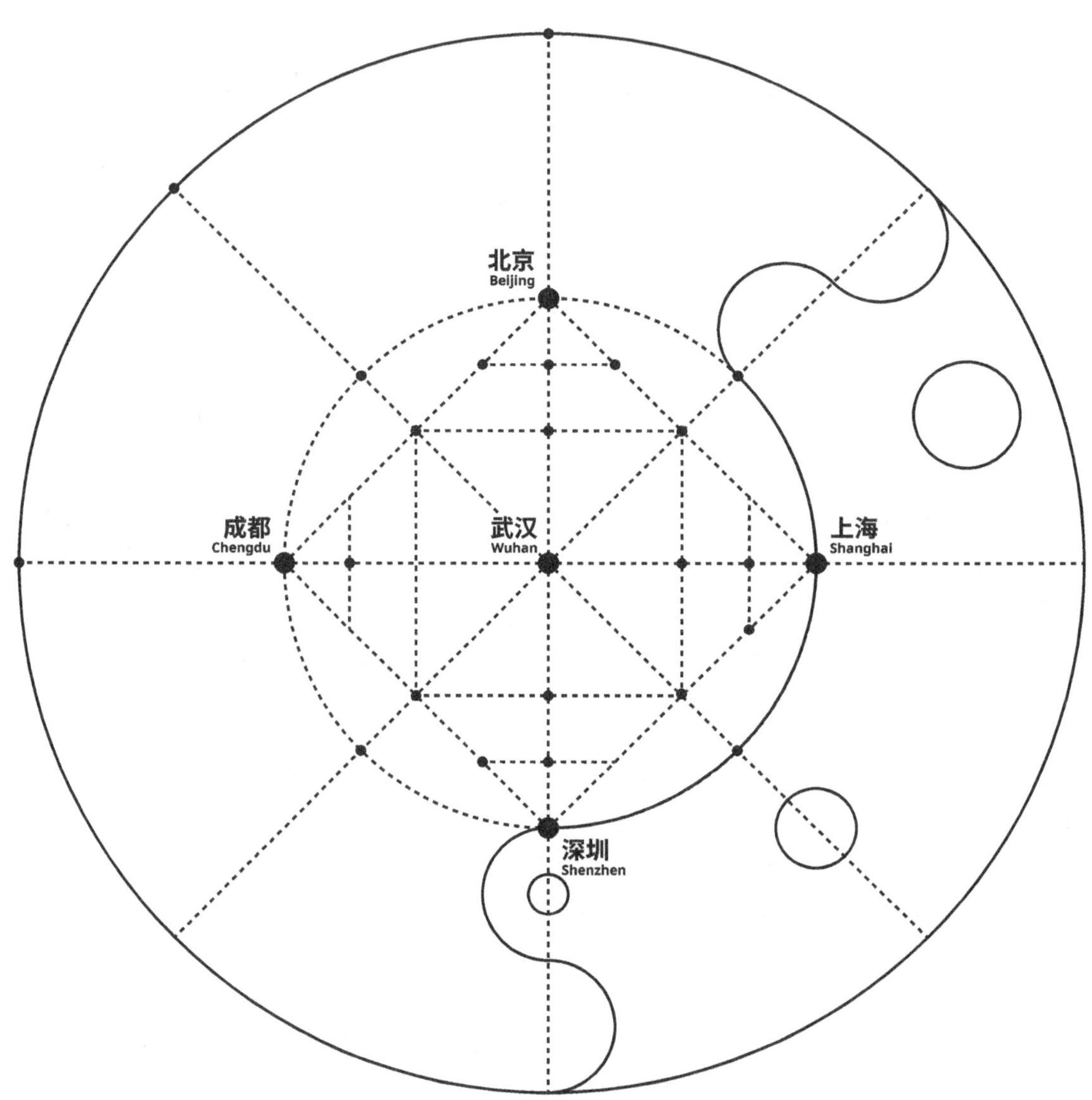

北京
Beijing
成都
Chengdu
武汉
Wuhan
上海
Shanghai
深圳
Shenzhen

连 接 城 市 的 想 象 路 径 形 成 了 一 个
象 征 性 的 符 号 结 构 ： 中 星 宿 。

The imaginary lines linking cities form a symbolic

structure: the Middle Constellation.

五
章

FIVE CHAPTERS

天
圆
地
方

THE SQUARE
WITHIN THE
CIRCLE

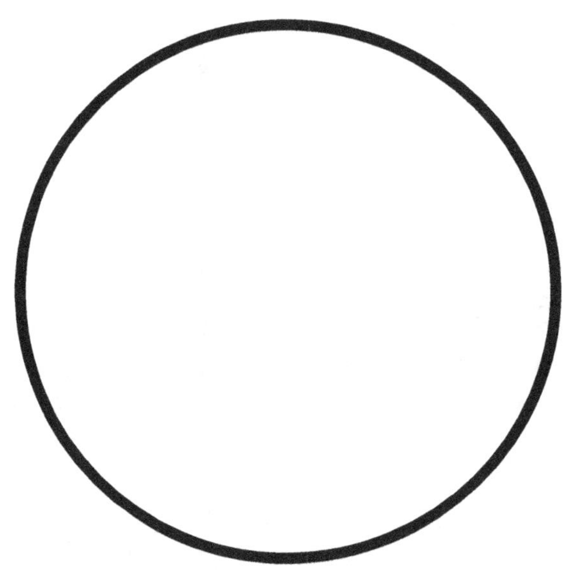

画 一 个 圆 。

Draw a circle.

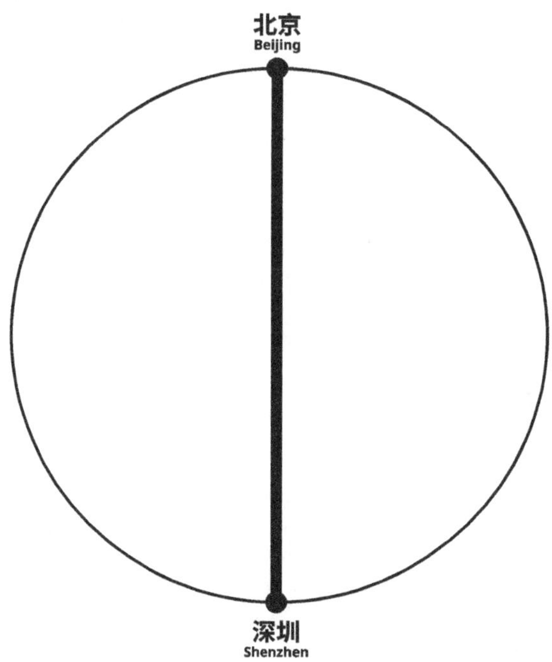

北京
Beijing
深圳
Shenzhen

画 一 条 贯 穿 中 心 的 线 。
北 京 在 北 。
深 圳 在 南 。

Draw a vertical line.

Beijing is to the north.

Shenzhen is to the south.

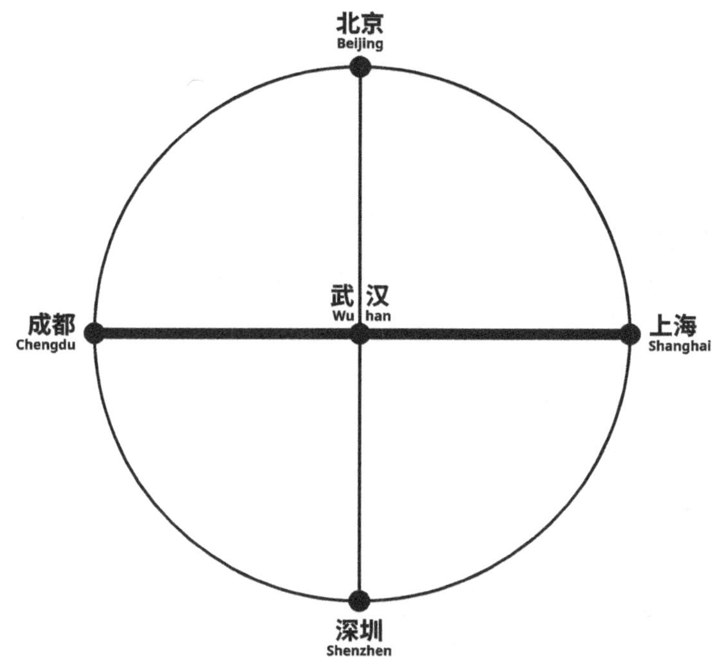

北京
Beijing
成都
Chengdu
武 汉
Wu han
上海
Shanghai
深圳
Shenzhen

画 一 条 横 跨 东 西 的 线 。
上 海 在 东 。
成 都 在 西 。
武 汉 在 中 。

Draw a horizontal line.

Shanghai is to the east.

Chengdu is to the west.

Wuhan is in the center.

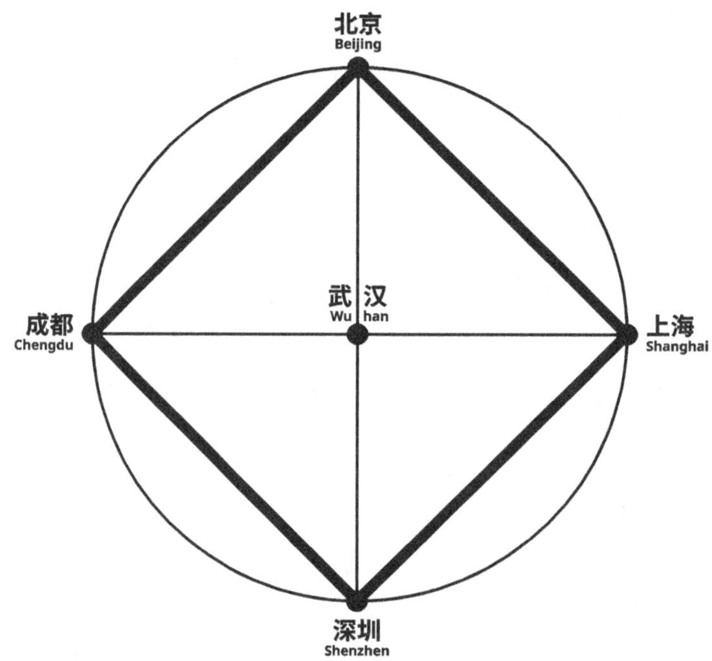

北京
Beijing
成都
Chengdu
武 汉
Wu han
上海
Shanghai
深圳
Shenzhen

把 北 京 ， 上 海 ， 深 圳 和 成 都 相 连 ，
可 形 成 一 个 方 形 广 场 。

Join Beijing, Shanghai, Shenzhen and Chengdu to
form a square.

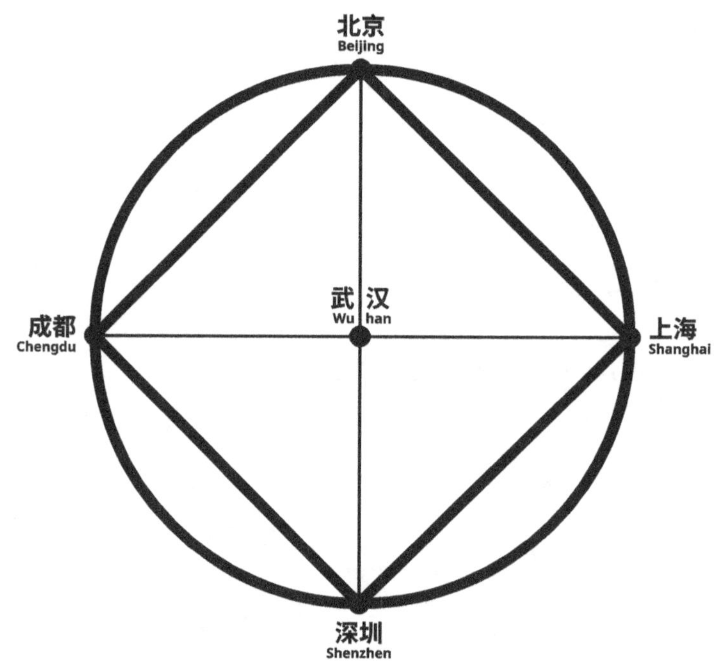

北京
Beijing
成都
Chengdu
武汉
Wuhan
上海
Shanghai
深圳
Shenzhen

这 就 是 天 圆 地 方 。

This is the square within the circle.

外
正
内
方

THE SQUARE
WITHIN THE
SQUARE

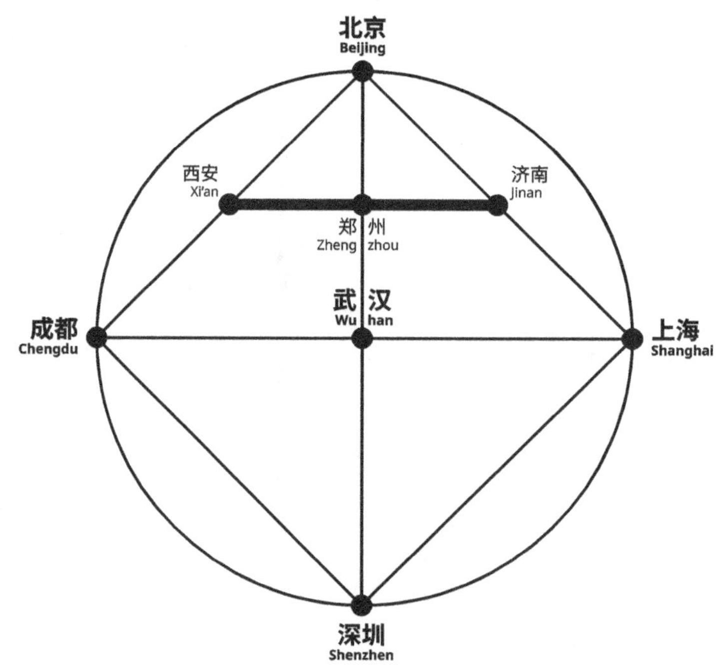

北京
Beijing
西安
Xi'an
济南
Jinan
郑 州
Zheng zhou
武 汉
Wu han
成都
Chengdu
上 海
Shanghai
深圳
Shenzhen

在 武 汉 和 北 京 中 间 画 一 条 水 平 线 。
济 南 在 东 。
西 安 在 西 。
郑 州 在 中 。

Draw a horizontal line halfway between Wuhan
and Beijing.
Jinan is to the east.
Xi'an is to the west.
Zhengzhou is in the center.

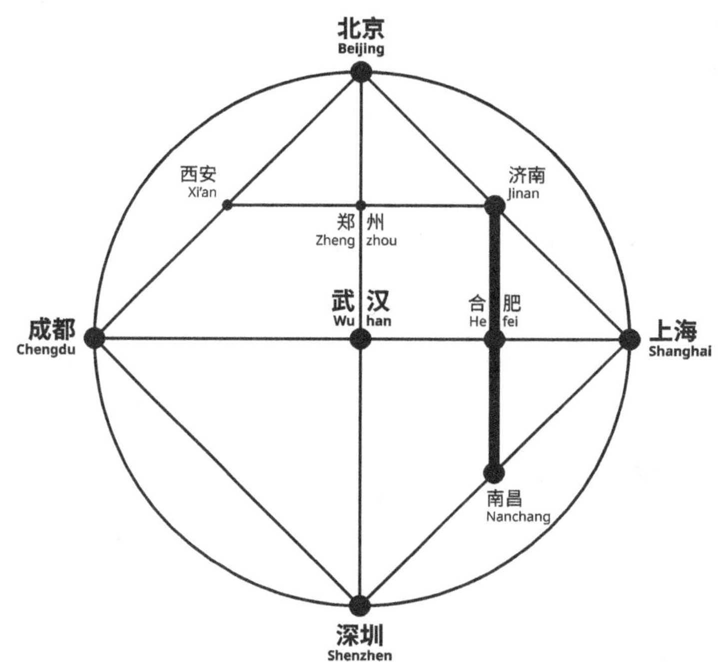

北京
Beijing
西安
Xi'an
济南
Jinan
郑 州
Zheng zhou
武 汉
Wu han
合 肥
He fei
成都
Chengdu
上海
Shanghai
南昌
Nanchang
深圳
Shenzhen

在 武 汉 和 上 海 中 间 画 一 条 垂 直 线 。
济 南 在 北 。
南 昌 居 南 。
合 肥 在 中 。

Draw a vertical line halfway between Wuhan
and Shanghai.
Jinan is to the north.
Nanchang is to the south.
Hefei is in the center.

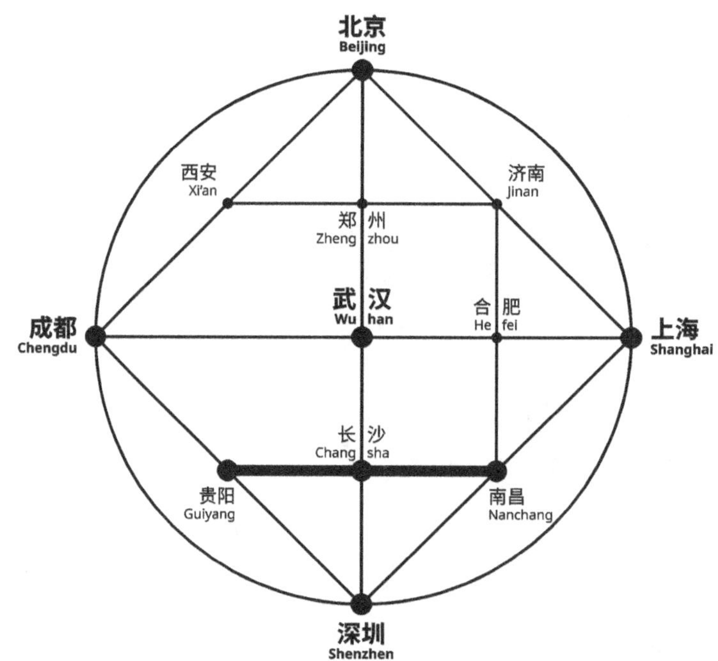

北京
Beijing
西安
Xi'an
济南
Jinan
郑州
Zhengzhou
武汉
Wuhan
合肥
Hefei
成都
Chengdu
上海
Shanghai
长沙
Changsha
贵阳
Guiyang
南昌
Nanchang
深圳
Shenzhen

在 武 汉 和 深 圳 中 间 画 一 条 水 平 线 。
南 昌 在 东 。
贵 阳 在 西 。
长 沙 居 中 。

Draw a horizontal line halfway between Wuhan
and Shenzhen.
Nanchang is to the east.
Guiyang is to the west.
Changsha is in the center.

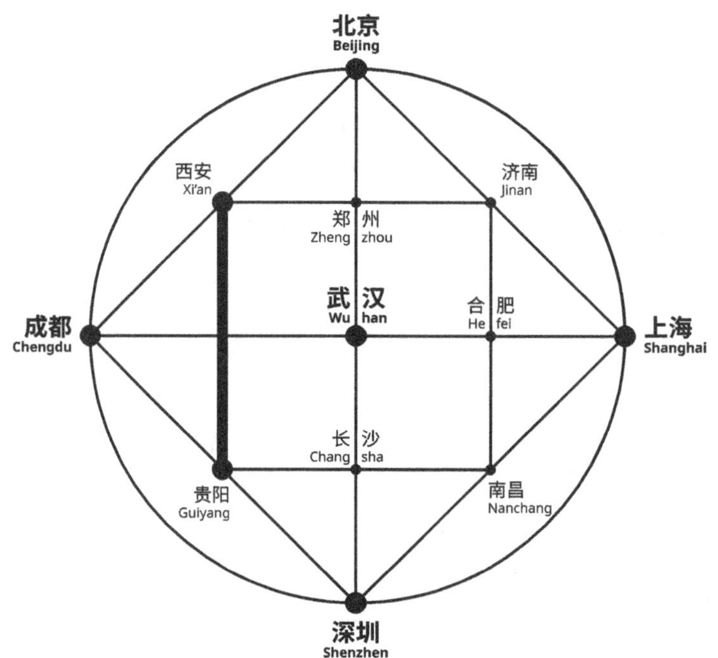

北京
Beijing
西安
Xi'an
济南
Jinan
郑州
Zhengzhou
武汉
Wuhan
合肥
Hefei
成都
Chengdu
上海
Shanghai
长沙
Changsha
贵阳
Guiyang
南昌
Nanchang
深圳
Shenzhen

在 武 汉 和 成 都 中 间 画 一 条 垂 直 线 。
西 安 在 北 。
贵 阳 在 南 。

Draw a vertical line halfway between Wuhan
and Chengdu.
Xi'an is to the north.
Guiyang is to the south.

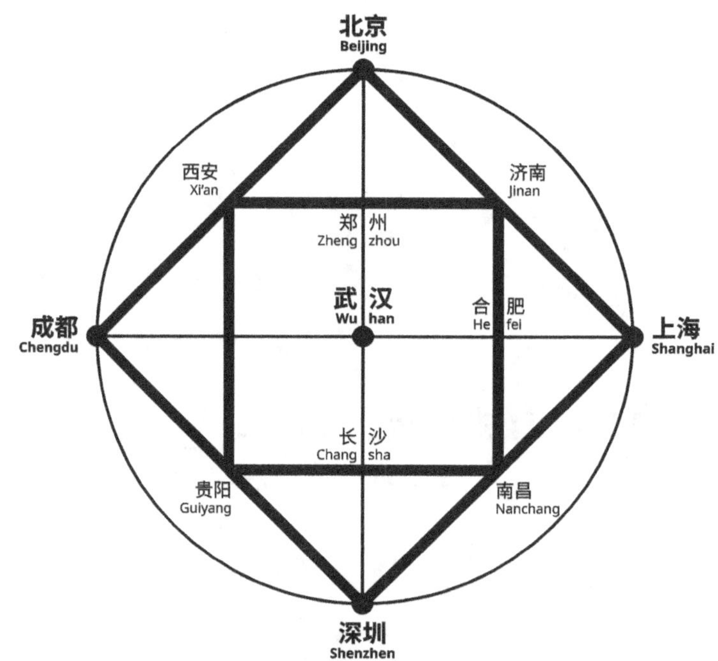

北京
Beijing
西安
Xi'an
济南
Jinan
郑州
Zhengzhou
武汉
Wuhan
合肥
Hefei
成都
Chengdu
上海
Shanghai
长沙
Changsha
贵阳
Guiyang
南昌
Nanchang
深圳
Shenzhen

如 此 形 成 广 场 中 的 广 场 ，
外 正 内 方 。

This is the square within the square.

比
翼
双
飞

THE WINGS

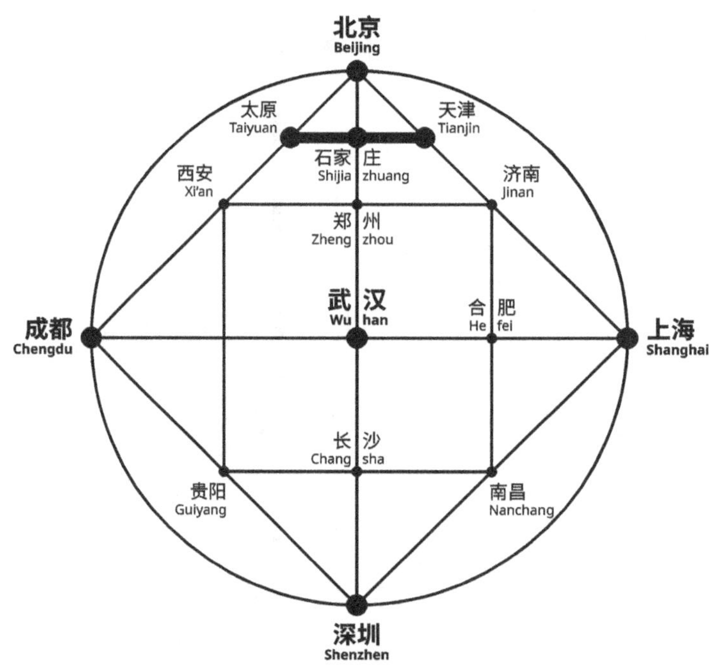

北京
Beijing
太原
Taiyuan
天津
Tianjin
西安
Xi'an
石家庄
Shijia zhuang
济南
Jinan
郑州
Zheng zhou
武汉
Wu han
合肥
He fei
成都
Chengdu
上海
Shanghai
长沙
Chang sha
贵阳
Guiyang
南昌
Nanchang
深圳
Shenzhen

在 北 京 和 郑 州 中 间 画 一 条 水 平 线 。
天 津 在 东 。
太 原 在 西 。
石 家 庄 居 中 。

Draw a horizontal line halfway between Beijing
and Zhengzhou.
Tianjin is to the east.
Taiyuan is to the west.
Shijiazhuang is in the center.

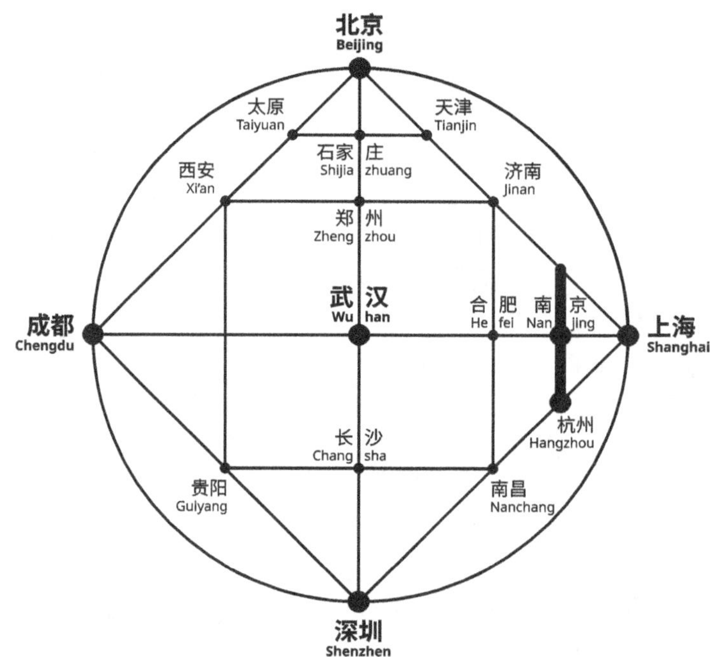

北京
Beijing
太原
Taiyuan
天津
Tianjin
石家庄
Shijiazhuang
西安
Xi'an
济南
Jinan
郑州
Zhengzhou
武汉
Wuhan
合肥
Hefei
南京
Nanjing
成都
Chengdu
上海
Shanghai
长沙
Changsha
杭州
Hangzhou
贵阳
Guiyang
南昌
Nanchang
深圳
Shenzhen

在 上 海 和 合 肥 中 间 画 一 条 垂 直 线 。
杭 州 在 南 。
南 京 在 中 。

Draw a vertical line halfway between Shanghai
and Hefei.
Hangzhou is to the south.
Nanjing is in the center.

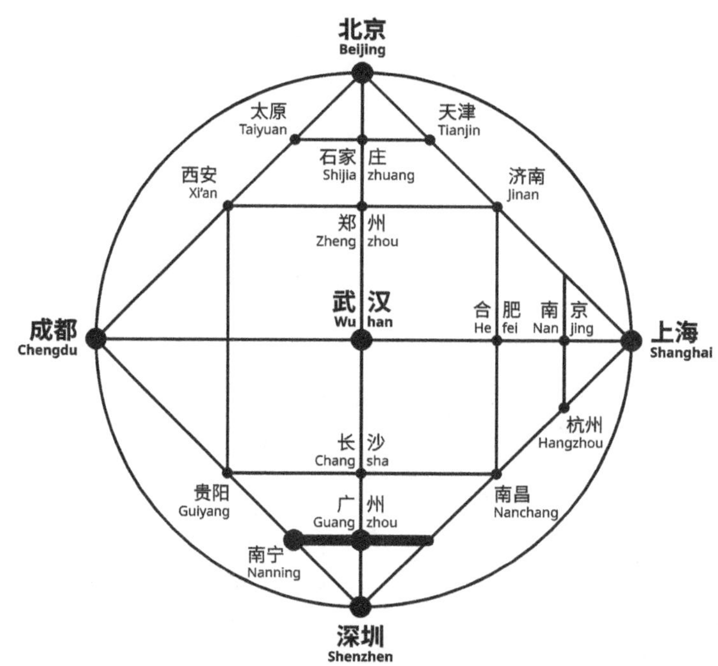

北京
Beijing
太原
Taiyuan
天津
Tianjin
石家庄
Shijia zhuang
济南
Jinan
西安
Xi'an
郑州
Zheng zhou
武汉
Wu han
合肥
He fei
南京
Nan jing
成都
Chengdu
上海
Shanghai
长沙
Chang sha
杭州
Hangzhou
贵阳
Guiyang
广州
Guang zhou
南昌
Nanchang
南宁
Nanning
深圳
Shenzhen

在 长 沙 和 深 圳 中 间 画 一 条 水 平 线 。
南 宁 在 西 。
广 州 居 中 。

Draw a horizontal line halfway between Shenzhen
and Changsha.
Nanning is to the west.
Guangzhou is in the center.

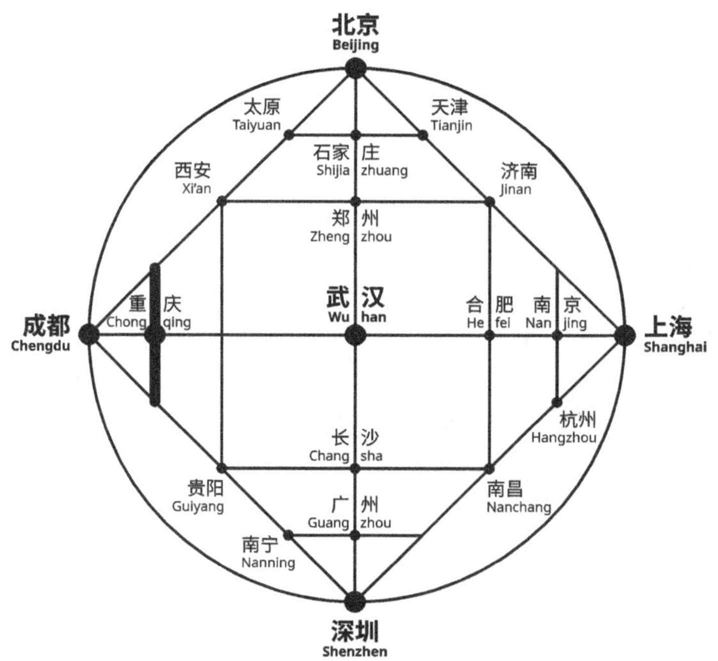

北京
Beijing
太原
Taiyuan
天津
Tianjin
石家庄
Shijia zhuang
济南
Jinan
西安
Xi'an
郑州
Zheng zhou
重庆
Chong qing
武汉
Wu han
合肥
He fei
南京
Nan jing
成都
Chengdu
上海
Shanghai
长沙
Chang sha
杭州
Hangzhou
贵阳
Guiyang
广州
Guang zhou
南昌
Nanchang
南宁
Nanning
深圳
Shenzhen

在 成 都 和 西 安 中 间 画 一 条 垂 直 线 。
重 庆 在 中 。

Draw a vertical line halfway between Chengdu
and Xi'an.
Chongqing is in the center.

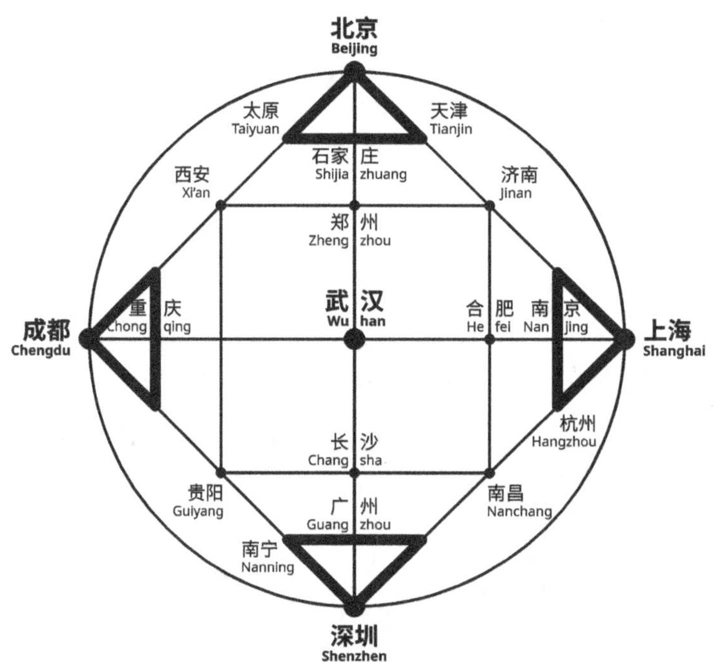

北京
Beijing
太原
Taiyuan
天津
Tianjin
石家 庄
Shijia zhuang
济南
Jinan
西安
Xi'an
郑 州
Zheng zhou
武 汉
Wu han
合 肥 南 京
He fei Nan Jing
上海
Shanghai
成都
Chengdu
重 庆
Chong qing
杭州
Hangzhou
长 沙
Chang sha
贵阳
Guiyang
广 州
Guang zhou
南昌
Nanchang
南宁
Nanning
深圳
Shenzhen

这 些 是 翅 膀 ， 比 翼 双 飞 。

These are the wings.

天
外
有
天

THE OUTER
CIRCLE

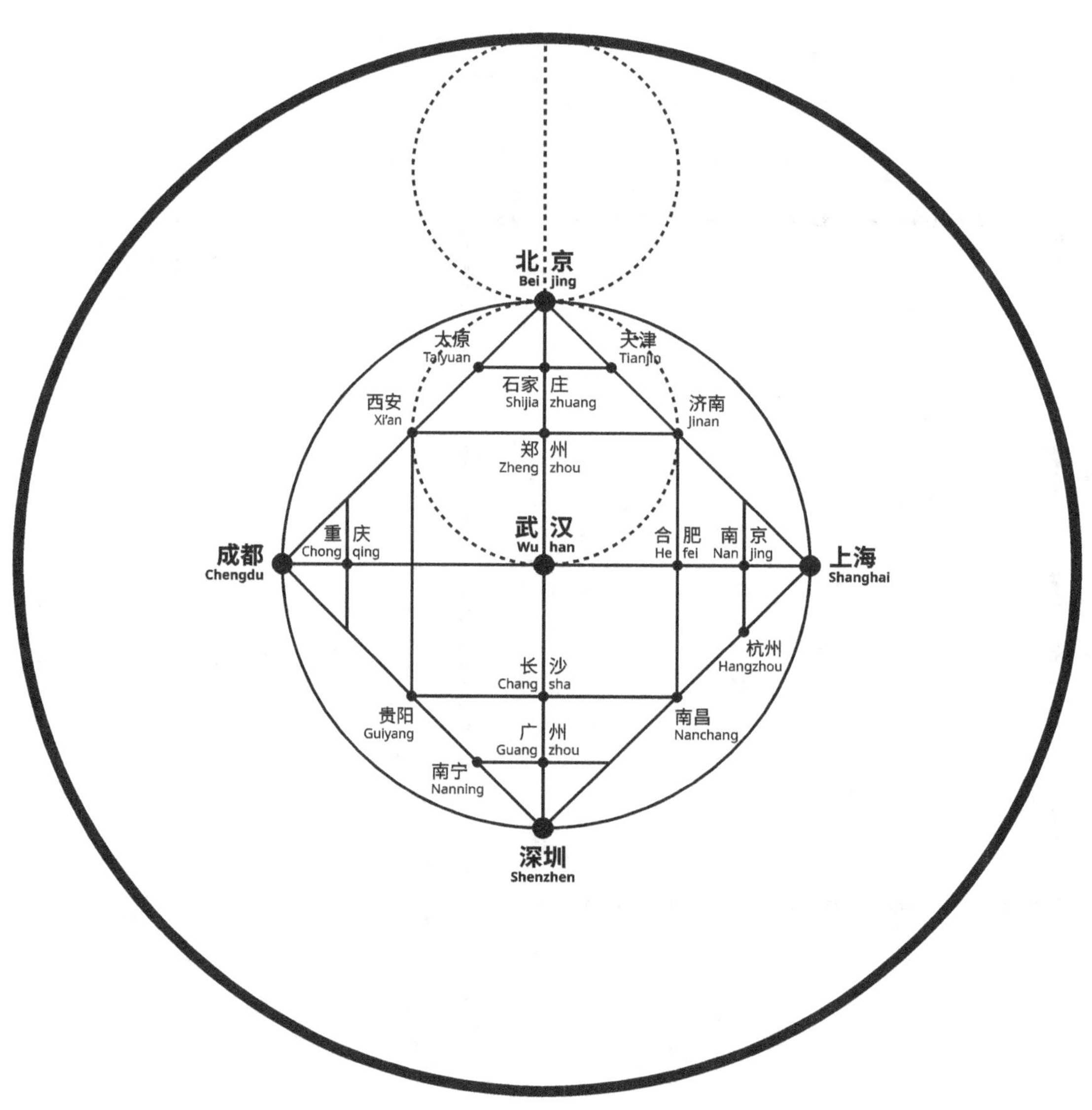

北京
Beijing
太原
Taiyuan
天津
Tianjin
石家庄
Shijiazhuang
西安
Xi'an
济南
Jinan
郑州
Zhengzhou
武汉
Wuhan
重庆
Chongqing
合肥
Hefei
南京
Nanjing
成都
Chengdu
上海
Shanghai
长沙
Changsha
杭州
Hangzhou
贵阳
Guiyang
广州
Guangzhou
南昌
Nanchang
南宁
Nanning
深圳
Shenzhen

以 武 汉 为 中 心 画 一 个 大 圆 。
圆 的 半 径 是 武 汉 到 北 京 距 离 的
两 倍 。

Draw a large circle centered on Wuhan.
The radius of the circle is double the distance from
Wuhan to Beijing.

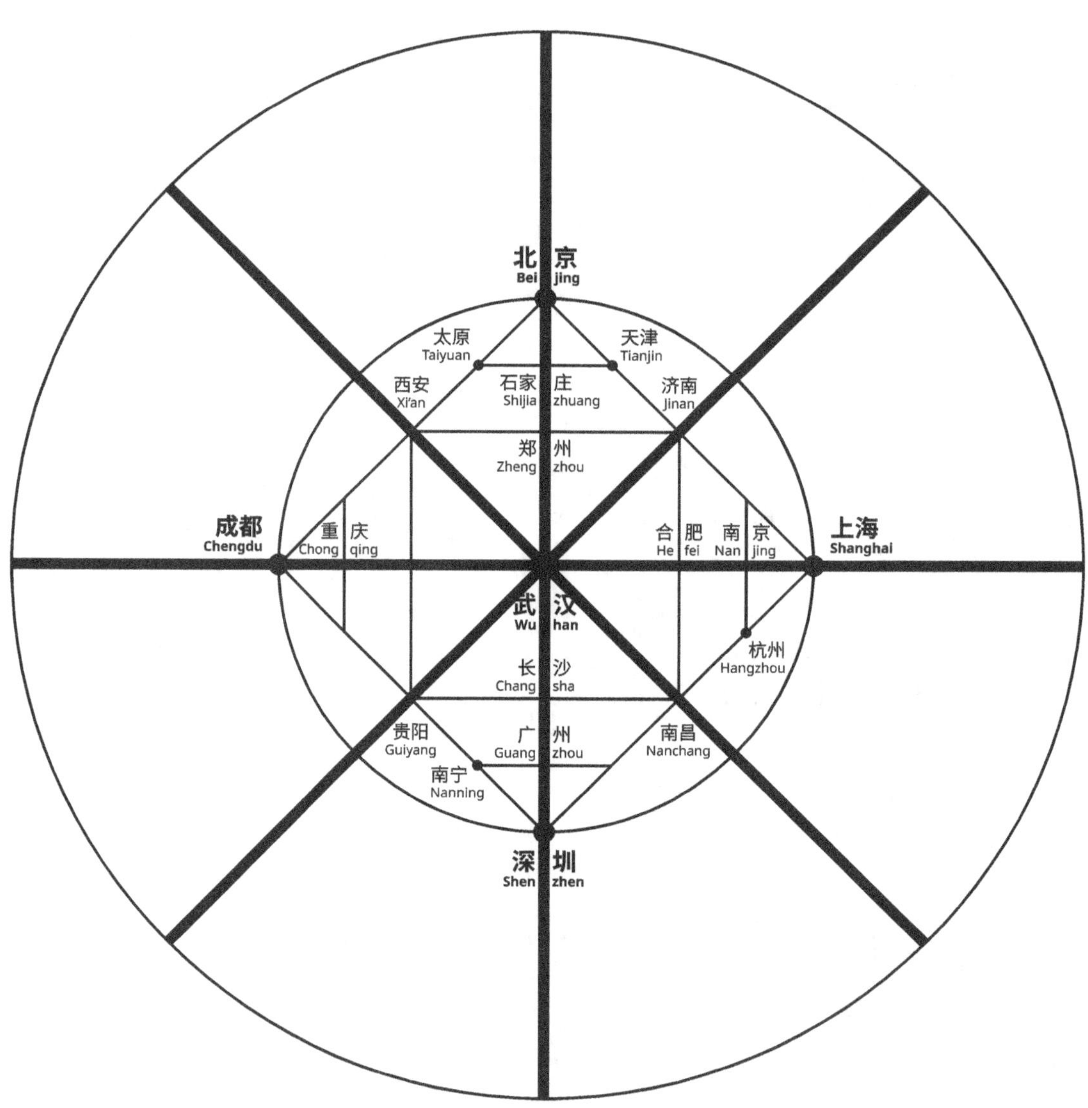

北京
Beijing
太原
Taiyuan
天津
Tianjin
西安
Xi'an
石家庄
Shijiazhuang
济南
Jinan
郑州
Zhengzhou
成都
Chengdu
重庆
Chongqing
合肥
Hefei
南京
Nanjing
上海
Shanghai
武汉
Wuhan
杭州
Hangzhou
长沙
Changsha
贵阳
Guiyang
广州
Guangzhou
南昌
Nanchang
南宁
Nanning
深圳
Shenzhen

画 一 条 垂 直 线 ， 一 条 水 平 线 ，
两 条 对 角 线 贯 穿 武 汉 中 心 。

Draw a vertical line, a horizontal line and two
diagonal lines through Wuhan.

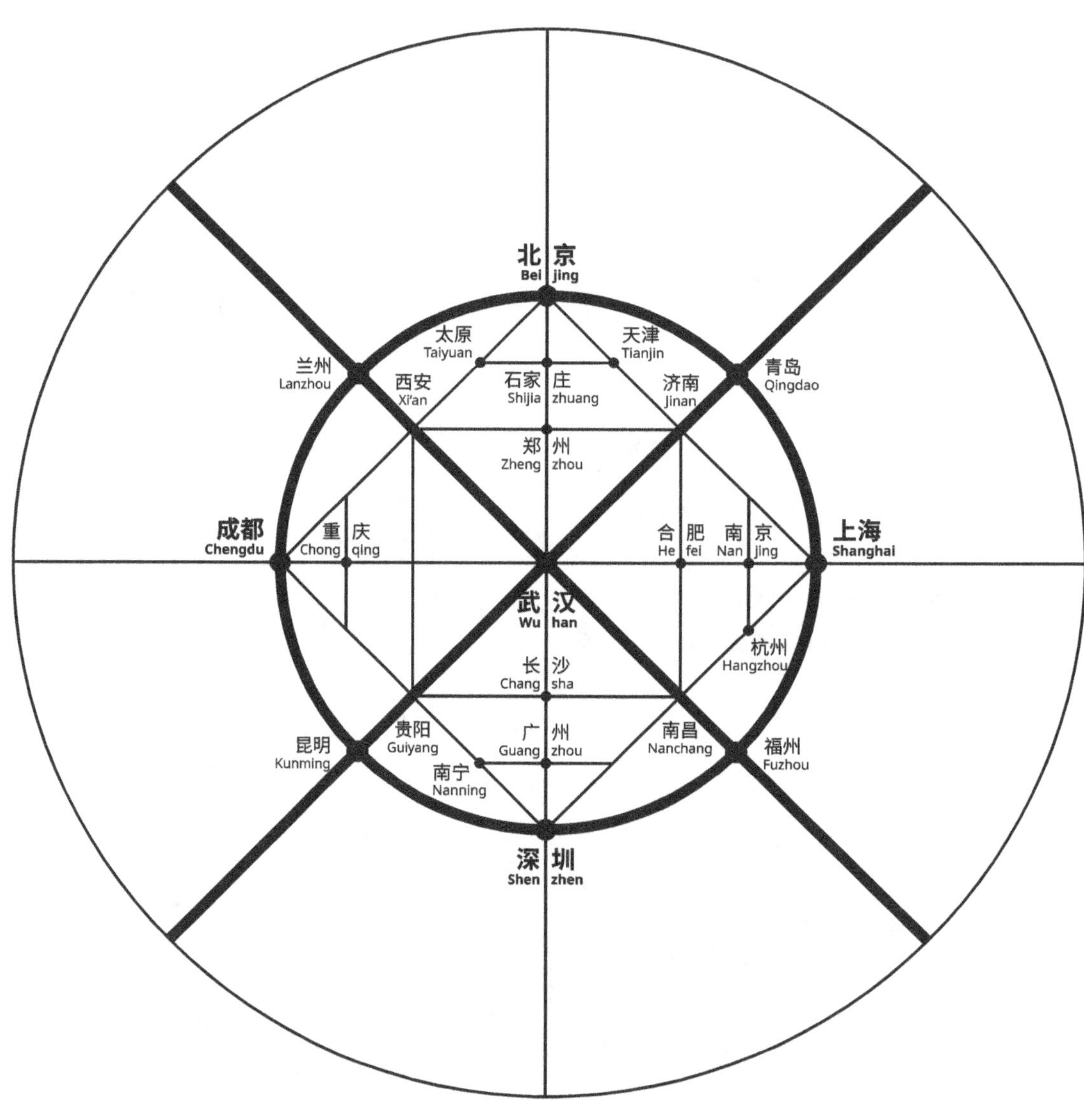

北京 Beijing
太原 Taiyuan
天津 Tianjin
兰州 Lanzhou
西安 Xi'an
石家庄 Shijiazhuang
济南 Jinan
青岛 Qingdao
郑州 Zhengzhou
成都 Chengdu
重庆 Chongqing
合肥 Hefei
南京 Nanjing
上海 Shanghai
武汉 Wuhan
杭州 Hangzhou
长沙 Changsha
昆明 Kunming
贵阳 Guiyang
广州 Guangzhou
南昌 Nanchang
福州 Fuzhou
南宁 Nanning
深圳 Shenzhen

两 条 对 角 线 与 内 圆 相 交 。

青 岛 处 东 北 。

福 州 在 东 南 。

昆 明 位 西 南 。

兰 州 在 西 北 。

The diagonals intersect with the inner circle.

Qingdao is to the northeast.

Fuzhou is to the southeast.

Kunming is to the southwest.

Lanzhou is to the northwest.

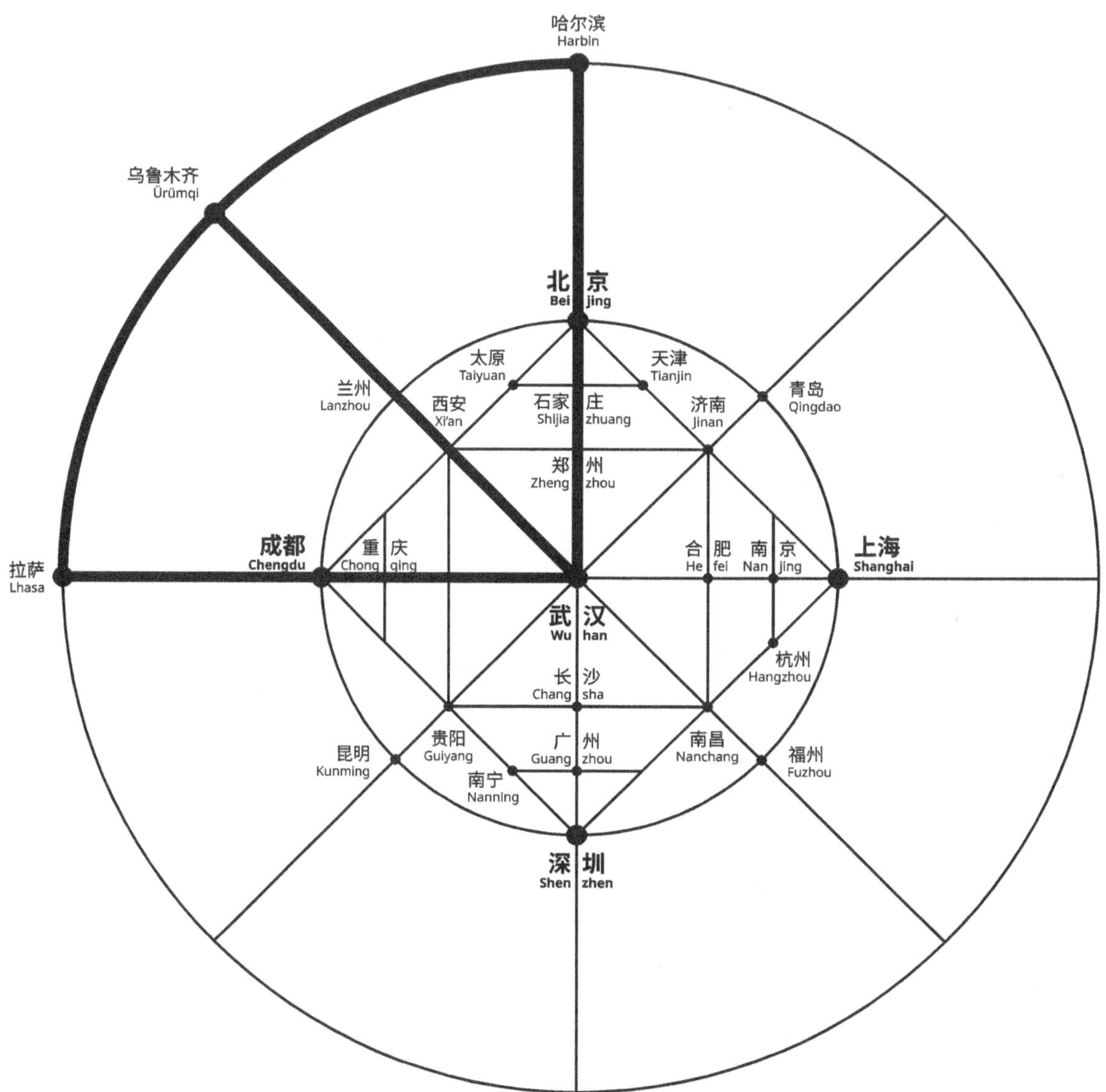

哈尔滨
Harbin
乌鲁木齐
Ürümqi
北京
Beijing
太原
Taiyuan
天津
Tianjin
兰州
Lanzhou
青岛
Qingdao
西安
Xi'an
石家庄
Shijiazhuang
济南
Jinan
郑州
Zhengzhou
成都
Chengdu
重庆
Chongqing
合肥
Hefei
南京
Nanjing
上海
Shanghai
拉萨
Lhasa
武汉
Wuhan
杭州
Hangzhou
长沙
Changsha
昆明
Kunming
贵阳
Guiyang
广州
Guangzhou
南昌
Nanchang
福州
Fuzhou
南宁
Nanning
深圳
Shenzhen

对 角 线 ， 垂 直 线 和 水 平 线 和 外 圆
相 交 。
哈 尔 滨 在 北 边 。
乌 鲁 木 齐 在 西 北 。
拉 萨 在 西 边 。

The diagonals, the vertical and the horizontal lines
intersect with the outer circle.
Harbin is to the north.
Ürümqi is to the northwest.
Lhasa is to the west.

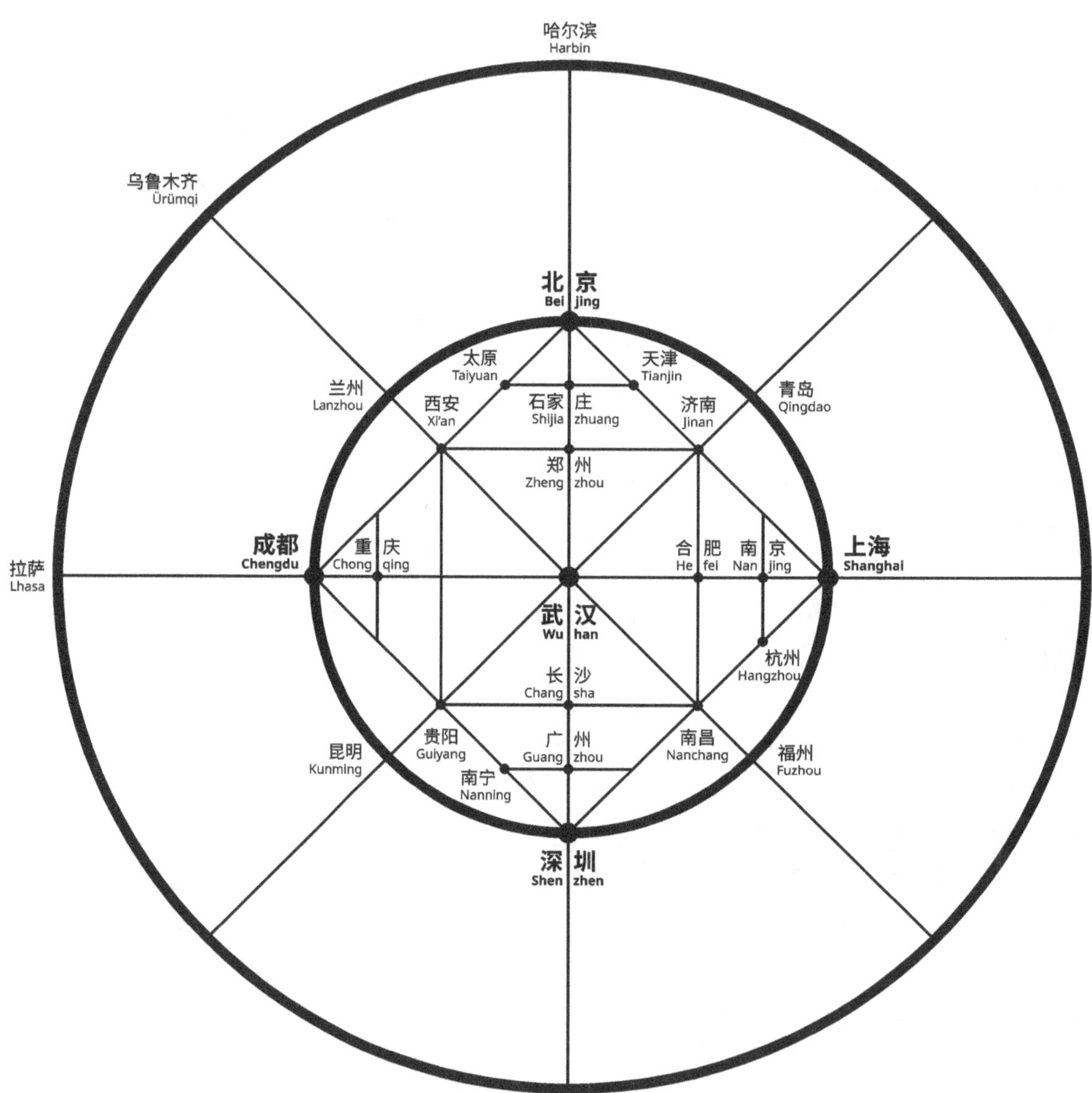

哈尔滨
Harbin
乌鲁木齐
Ürümqi
北京
Bei jing
太原
Taiyuan
天津
Tianjin
兰州
Lanzhou
西安
Xi'an
石家 庄
Shijia zhuang
济南
Jinan
青岛
Qingdao
郑 州
Zheng zhou
成都
Chengdu
重 庆
Chong qing
合 肥
He fei
南 京
Nan jing
上海
Shanghai
拉萨
Lhasa
武 汉
Wu han
杭州
Hangzhou
长 沙
Chang sha
昆明
Kunming
贵阳
Guiyang
广 州
Guang zhou
南昌
Nanchang
福州
Fuzhou
南宁
Nanning
深 圳
Shen zhen

这 是 外 圆 ， 天 外 有 天 。

This is the outer circle.

海
陆
分
扬

LAND AND SEA

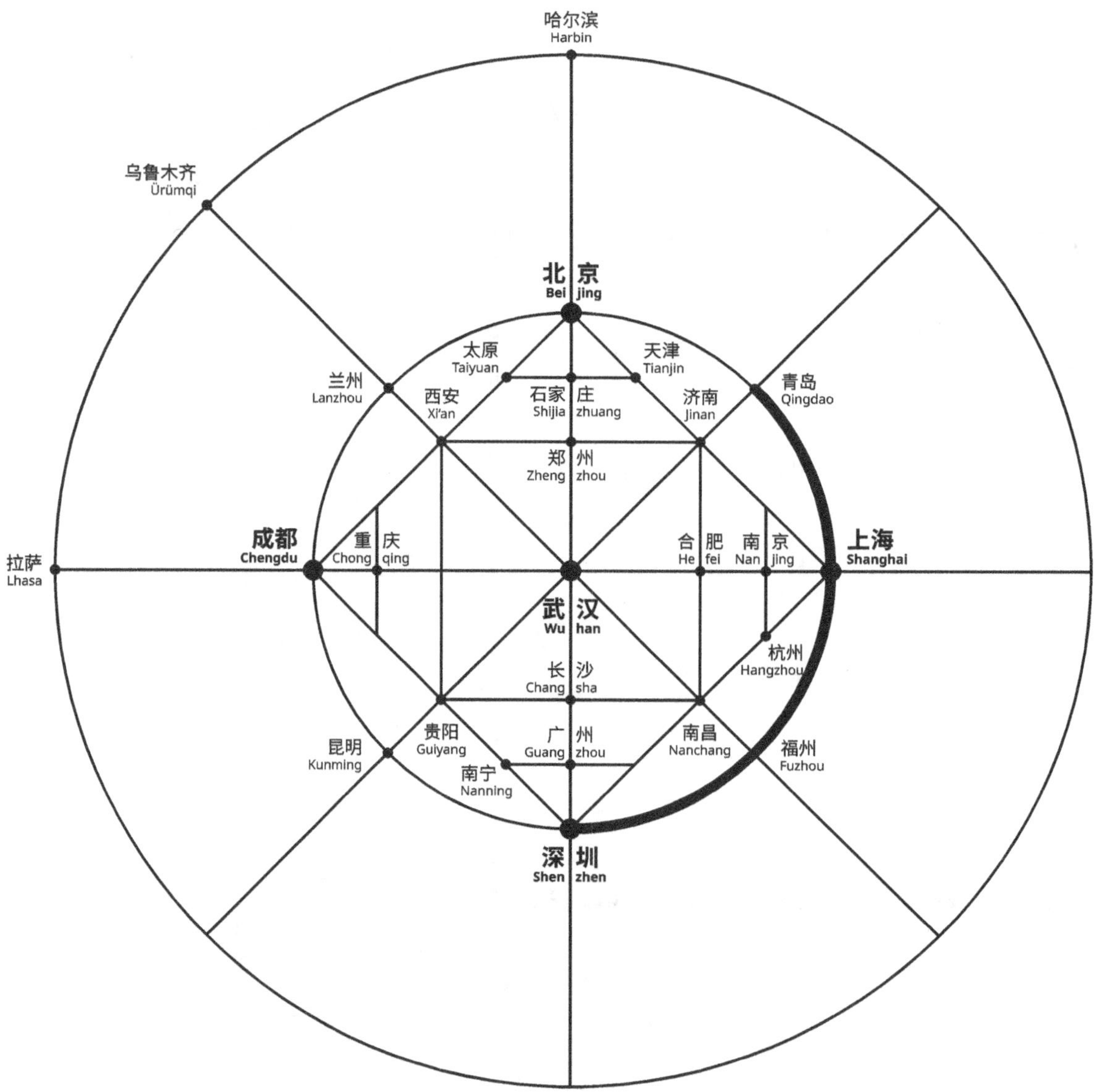

哈尔滨
Harbin
乌鲁木齐
Ürümqi
北 京
Bei jing
太原
Taiyuan
天津
Tianjin
兰州
Lanzhou
西安
Xi'an
石家 庄
Shijia zhuang
济南
Jinan
青岛
Qingdao
郑 州
Zheng zhou
成都
Chengdu
拉萨
Lhasa
重 庆
Chong qing
合 肥
He fei
南 京
Nan jing
上海
Shanghai
武 汉
Wu han
杭州
Hangzhou
长 沙
Chang sha
昆明
Kunming
贵阳
Guiyang
广 州
Guang zhou
南昌
Nanchang
福州
Fuzhou
南宁
Nanning
深 圳
Shen zhen

青 岛 和 深 圳 之 间 构 成 的 圆 弧 代 表
东 海 岸 线 。

The arc of the circle between Qingdao and Shenzhen
represents the eastern coastline.

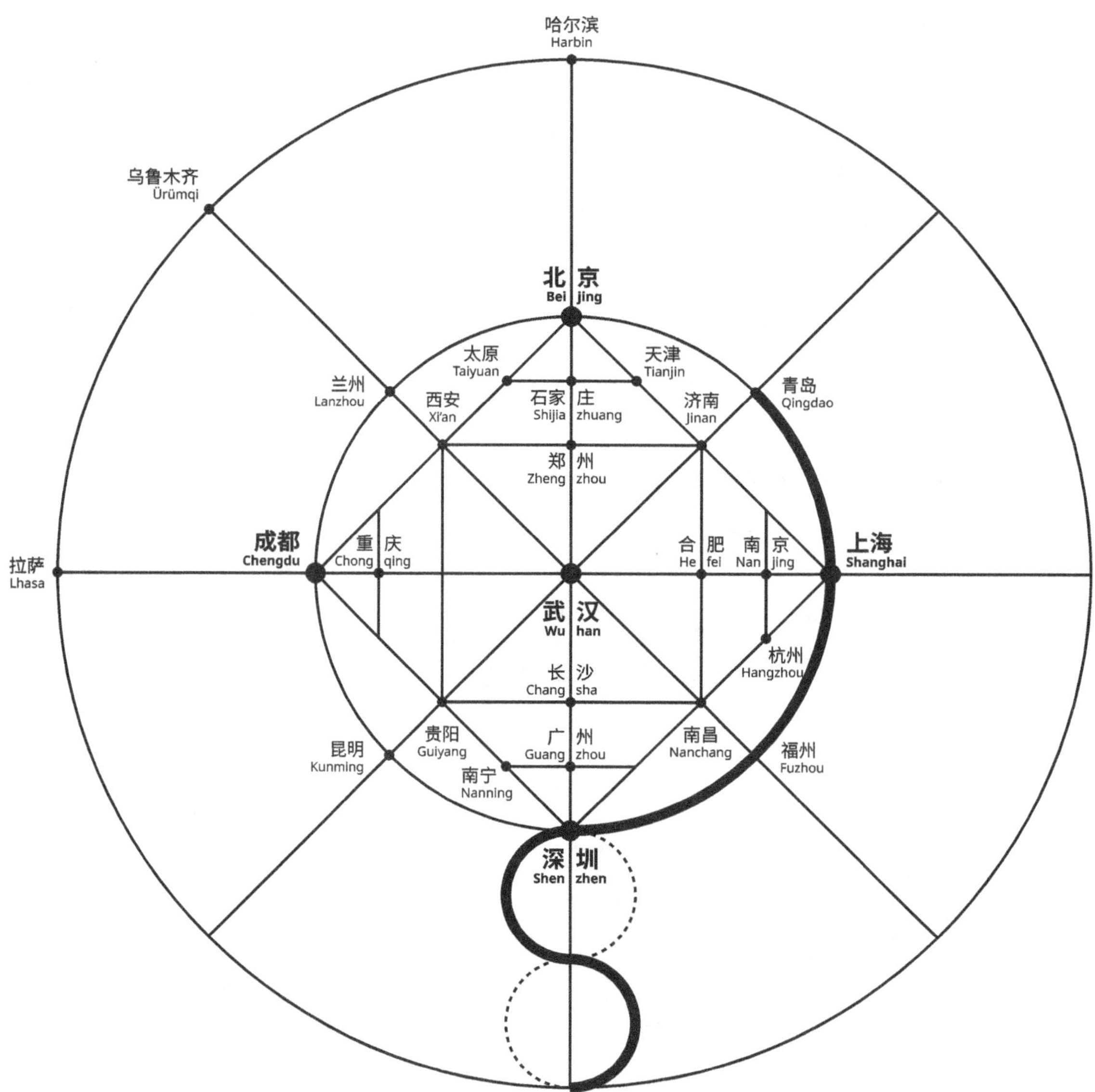

哈尔滨
Harbin
乌鲁木齐
Ürümqi
北 京
Bei jing
太原
Taiyuan
天津
Tianjin
兰州
Lanzhou
西安
Xi'an
石家 庄
Shijia zhuang
济南
Jinan
青岛
Qingdao
郑 州
Zheng zhou
成都
Chengdu
重 庆
Chong qing
合 肥
He fei
南 京
Nan jing
上海
Shanghai
拉萨
Lhasa
武 汉
Wu han
杭州
Hangzhou
长 沙
Chang sha
昆明
Kunming
贵阳
Guiyang
广 州
Guang zhou
南昌
Nanchang
福州
Fuzhou
南宁
Nanning
深 圳
Shen zhen

由 深 圳 往 南 的 垂 直 线 取 中 心 ，
绘 制 两 个 同 样 大 小 的 圆 。
北 圈 是 东 京 湾 。
南 圆 是 中 南 半 岛 。

Draw two circles of equal size centered along the

vertical line south of Shenzhen.

The northern circle is the Gulf of Tonkin.

The southern circle is the Indochinese peninsula.

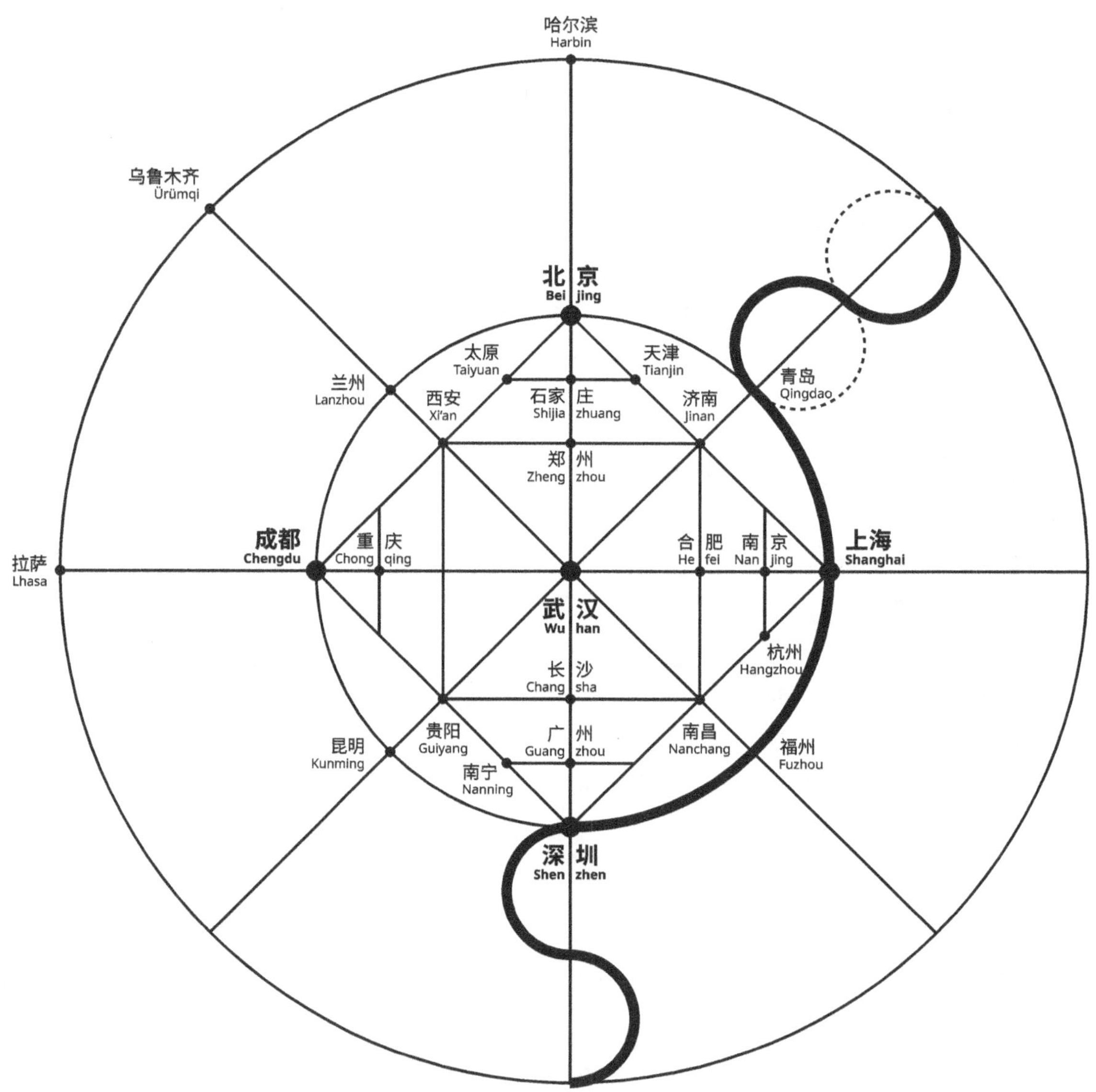
哈尔滨
Harbin
乌鲁木齐
Ürümqi
北京
Bei jing
太原
Taiyuan
天津
Tianjin
兰州
Lanzhou
西安
Xi'an
石家 庄
Shijia zhuang
济南
Jinan
青岛
Qingdao
郑 州
Zheng zhou
成都
Chengdu
重 庆
Chong qing
合 肥 南 京
He fei Nan jing
上海
Shanghai
拉萨
Lhasa
武 汉
Wu han
杭州
Hangzhou
长 沙
Chang sha
昆明
Kunming
贵阳
Guiyang
广 州
Guang zhou
南昌
Nanchang
福州
Fuzhou
南宁
Nanning
深 圳
Shen zhen

取 青 岛 东 北 对 角 线 中 心 ， 绘 制
两 个 相 等 大 小 的 圆 。
北 圈 是 朝 鲜 半 岛 。
南 圆 是 渤 海 。

Draw two circles of equal size centered along the
diagonal line northeast of Qingdao.
The northern circle is the Korean peninsula.
The southern circle is the Sea of Bohai.

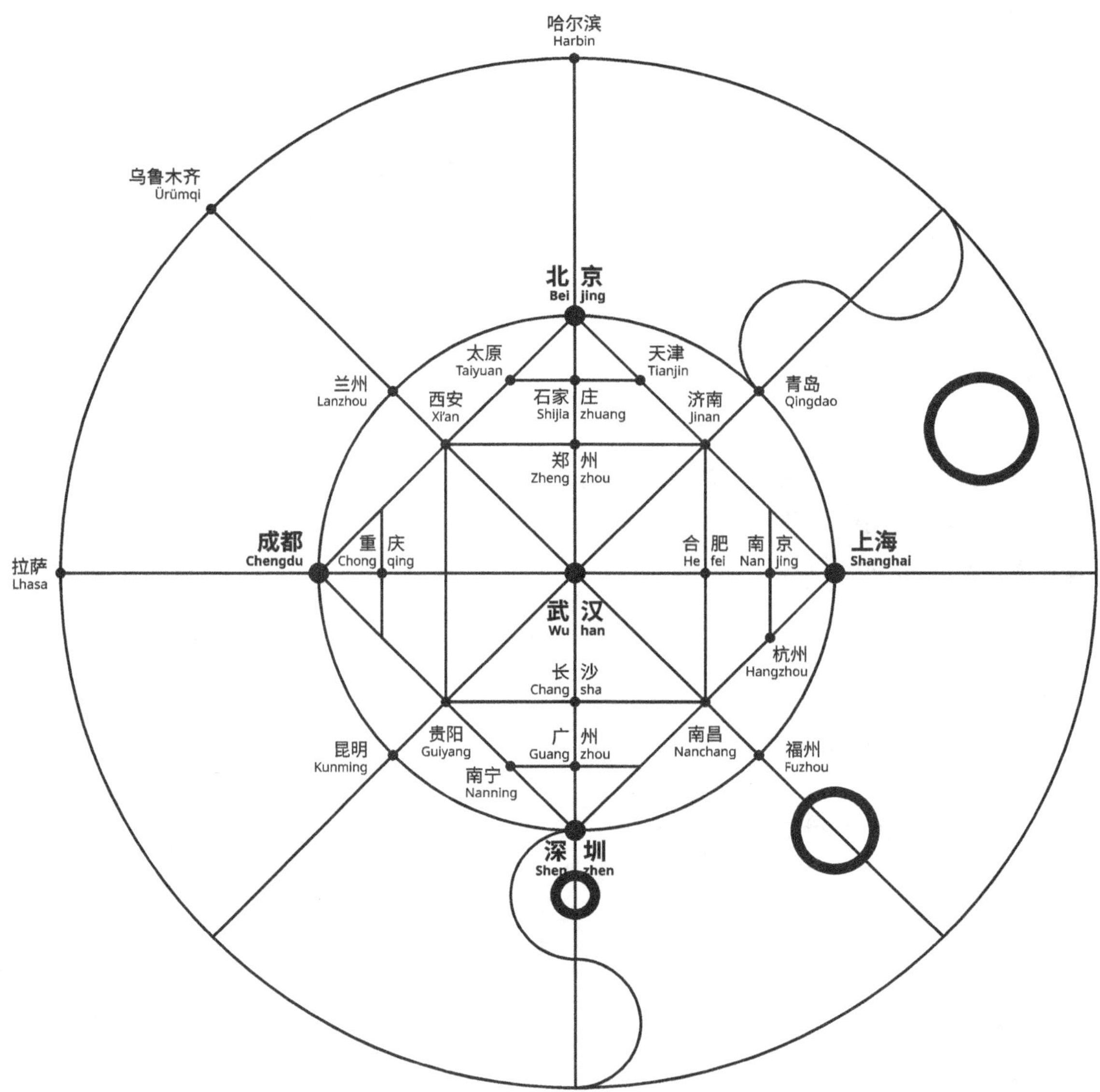

哈尔滨
Harbin
乌鲁木齐
Ürümqi
北京
Bei jing
太原
Taiyuan
天津
Tianjin
兰州
Lanzhou
西安
Xi'an
石家 庄
Shijia zhuang
济南
Jinan
青岛
Qingdao
郑 州
Zheng zhou
成都
Chengdu
重 庆
Chong qing
合 肥
He fei
南 京
Nan jing
上海
Shanghai
拉萨
Lhasa
武 汉
Wu han
杭州
Hangzhou
长 沙
Chang sha
昆明
Kunming
贵阳
Guiyang
广 州
Guang zhou
南昌
Nanchang
福州
Fuzhou
南宁
Nanning
深 圳
Shen zhen

画 三 个 圆 来 代 表 三 个 岛 屿 。
海 南 岛 在 东 京 湾 。
台 湾 在 福 州 东 南 的 对 角 线 。
九 州 岛 在 上 海 的 东 北 部 。

Draw three circles to represent three islands.
Hainan is in the Gulf of Tonkin.
Taiwan is on the diagonal line southeast of Fuzhou.
Kyushu is to the northeast of Shanghai.

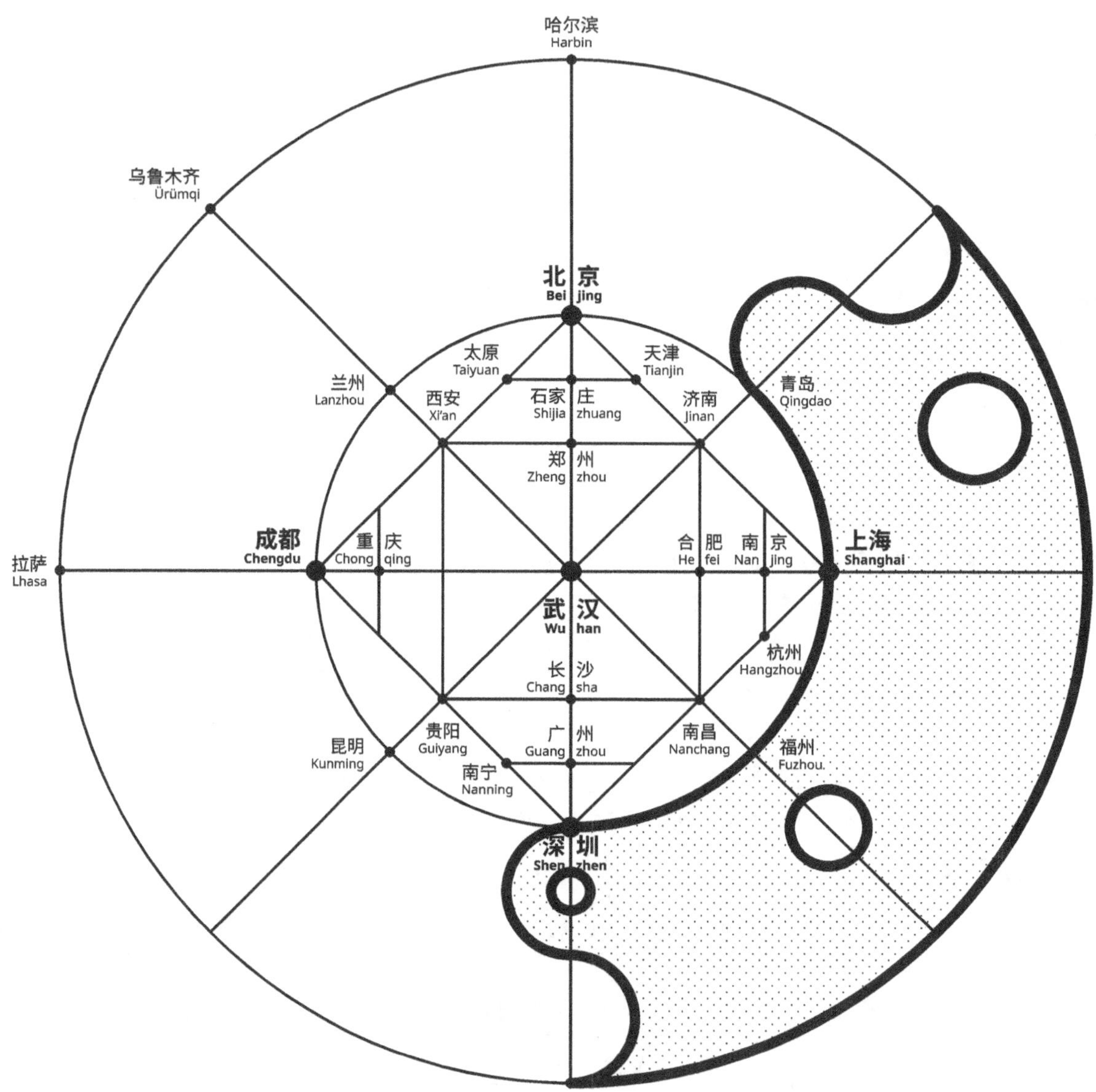

哈尔滨
Harbin
乌鲁木齐
Ürümqi
北 京
Bei jing
太原
Taiyuan
天津
Tianjin
兰州
Lanzhou
西安
Xi'an
石家 庄
Shijia zhuang
济南
Jinan
青岛
Qingdao
郑 州
Zheng zhou
成都
Chengdu
重 庆
Chong qing
合 肥 南 京
He fei Nan jing
上海
Shanghai
拉萨
Lhasa
武 汉
Wu han
杭州
Hangzhou
长 沙
Chang sha
昆明
Kunming
贵阳
Guiyang
广 州
Guang zhou
南昌
Nanchang
福州
Fuzhou.
南宁
Nanning
深 圳
Shen zhen

现 在 陆 地 和 海 洋 分 开 了 ，
海 陆 分 扬 。

Land and sea are now separate.

星
罗
八
法

EIGHT MOVEMENTS

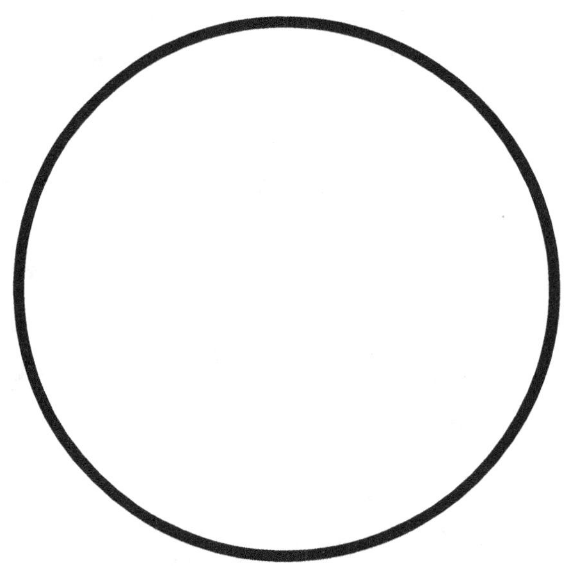

<u>第 一 招 :</u>
画 一 个 圆 。
花 好 月 圆

<u>Movement one:</u>

Draw a circle.

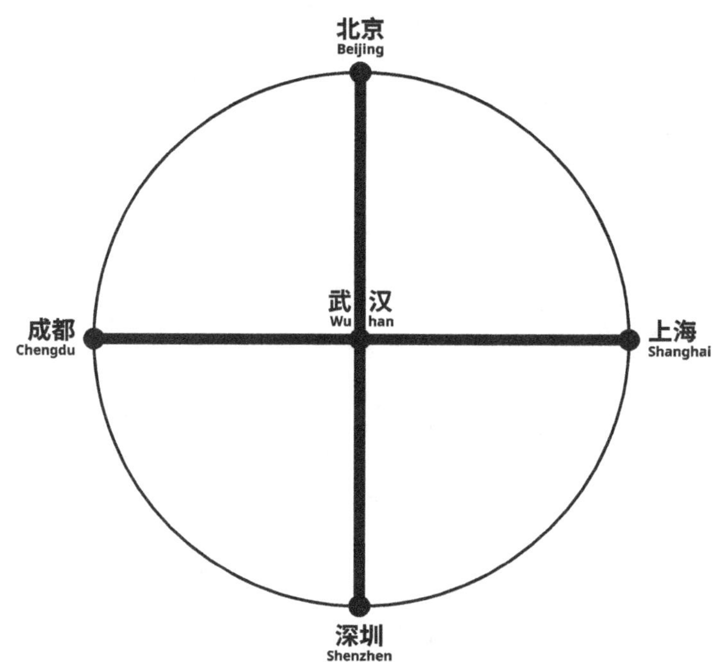

北京
Beijing
成都
Chengdu
武汉
Wuhan
上海
Shanghai
深圳
Shenzhen

第 二 招 ：
画 个 十 字 。
十 面 埋 伏

Movement two:

Draw a cross.

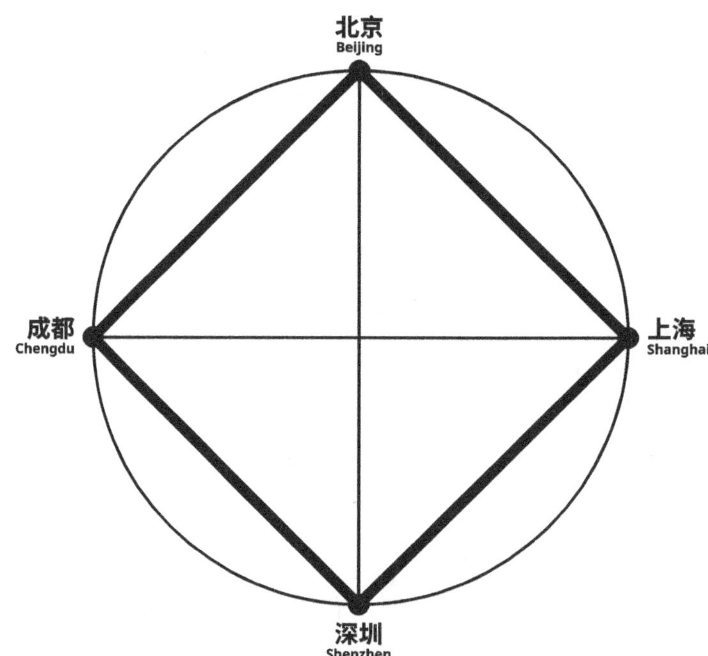

北京
Beijing
上海
Shanghai
成都
Chengdu
深圳
Shenzhen

第 三 招 ：

在 圆 中 画 一 个 方 形 。

天 圆 地 方

<u>Movement three:</u>

Draw the square within the circle.

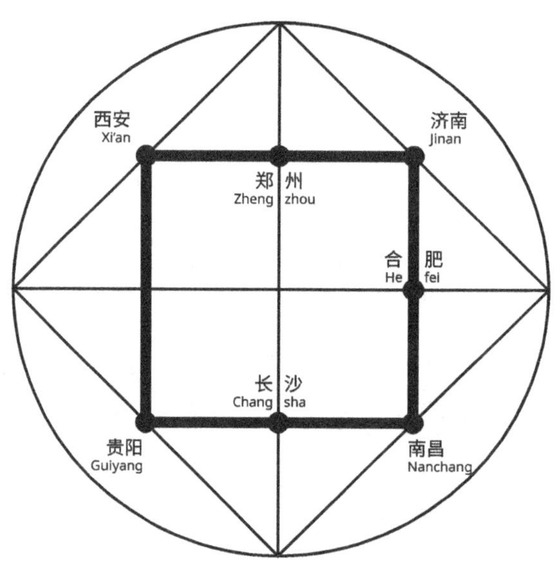

西安
Xi'an
济南
Jinan
郑 州
Zheng zhou
合 肥
He fei
长 沙
Chang sha
贵阳
Guiyang
南昌
Nanchang

第 四 招 :
在 方 形 内 再 画 一 个 方 形 。
外 正 内 方

Movement four:
Draw the square within the square.

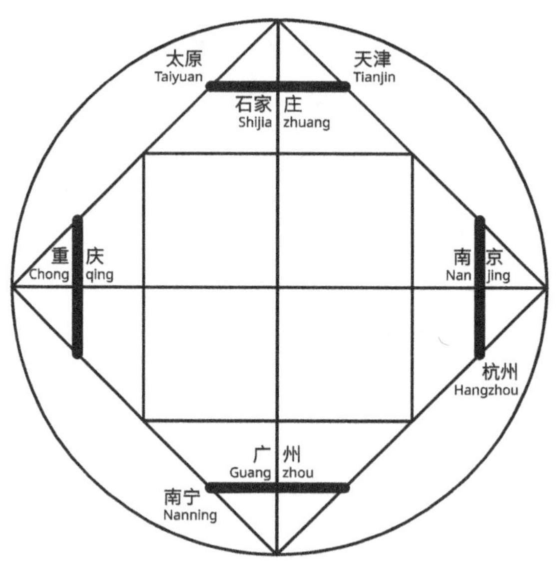

太原
Taiyuan
天津
Tianjin
石家庄
Shijia zhuang
重庆
Chong qing
南京
Nan jing
杭州
Hangzhou
广州
Guang zhou
南宁
Nanning

第 五 招 :
画 出 翅 膀 。
比 翼 双 飞

<u>Movement five:</u>

Draw the wings.

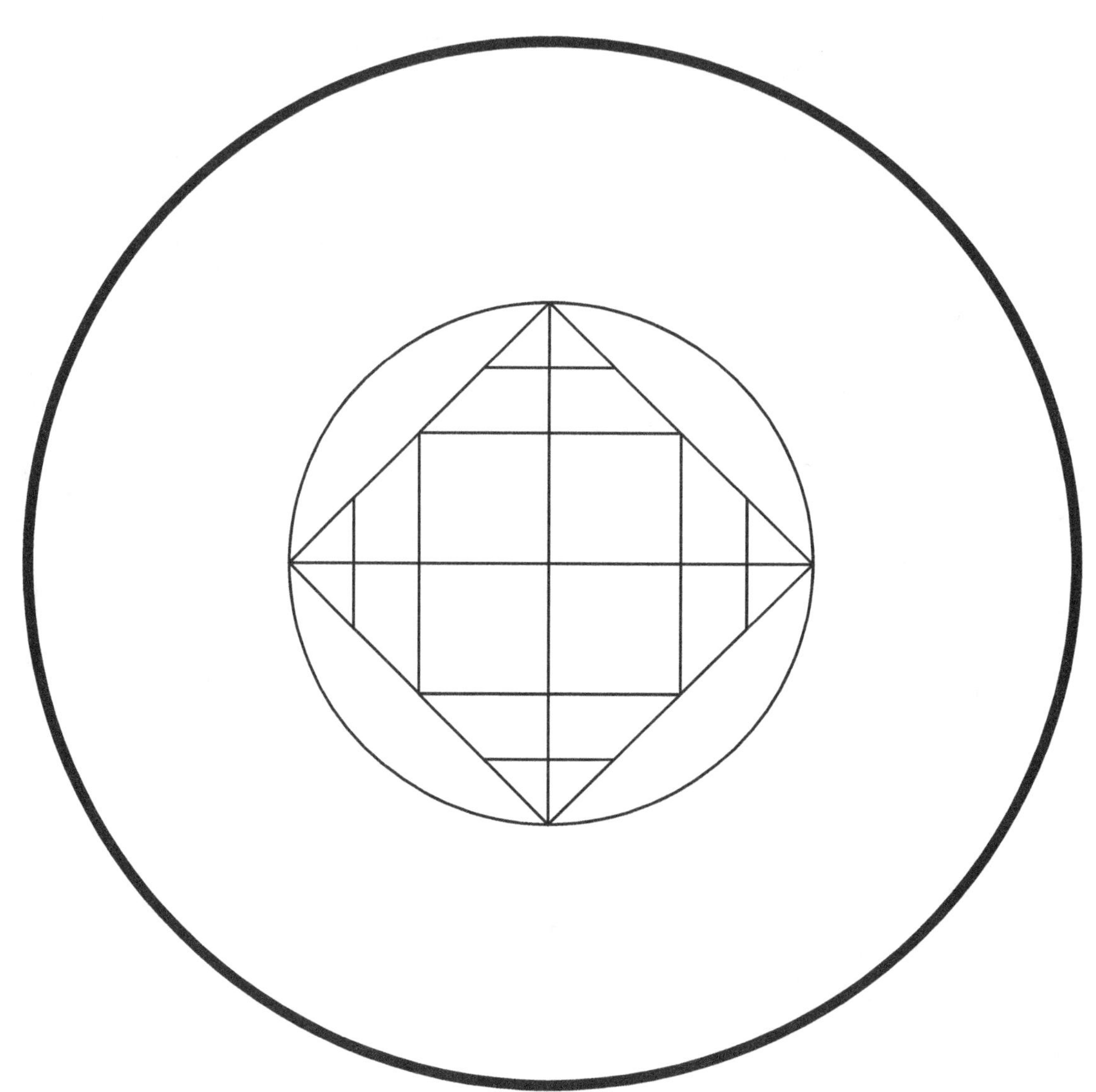

第 六 招 :
画 外 圆 。
天 外 有 天

Movement six:
Draw the outer circle.

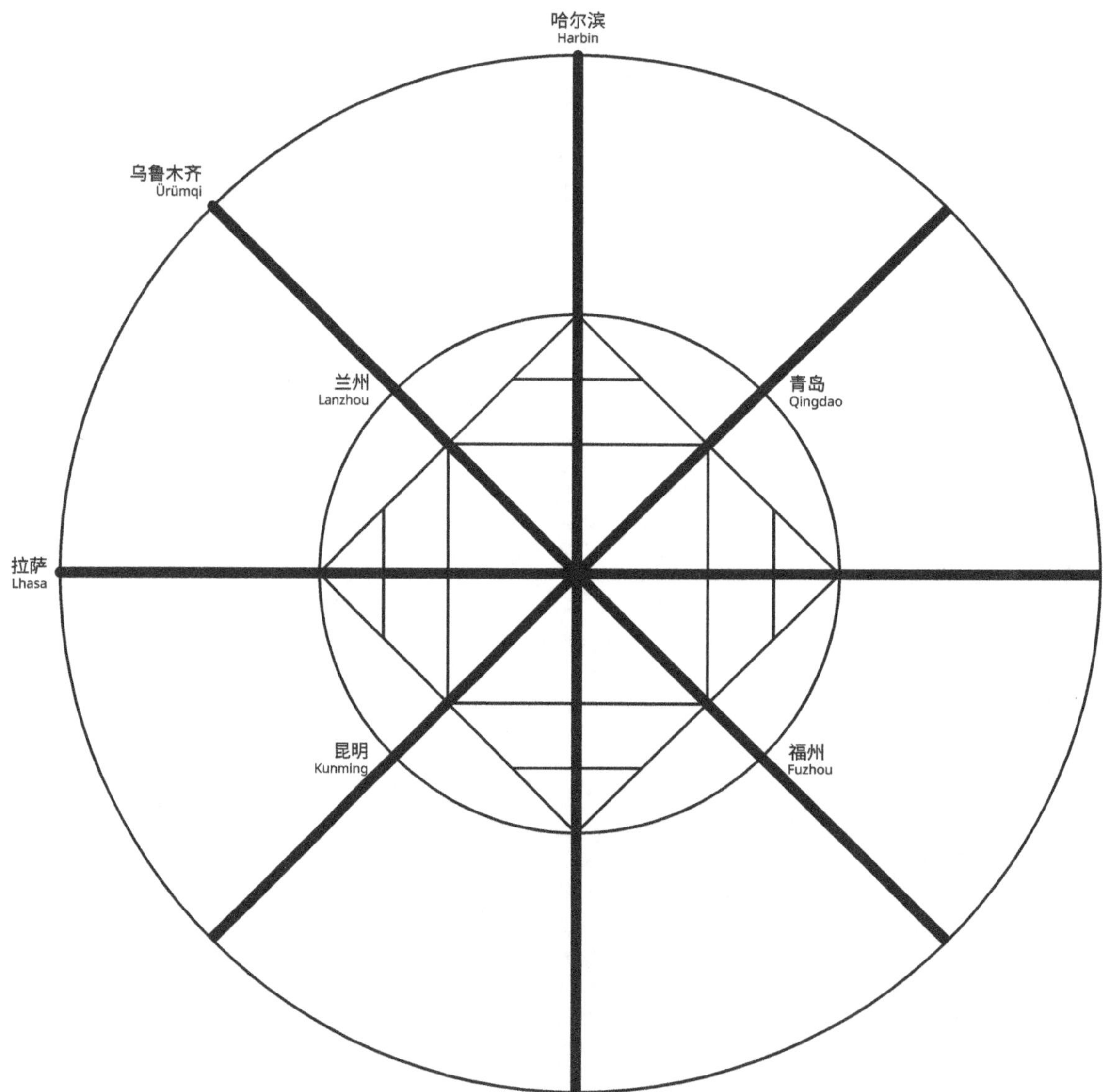

哈尔滨
Harbin
乌鲁木齐
Ürümqi
兰州
Lanzhou
青岛
Qingdao
拉萨
Lhasa
昆明
Kunming
福州
Fuzhou

<u>第 七 招 ：</u>
画 垂 直 线 ， 水 平 线 和 对 角 线 。
万 丈 光 芒

<u>Movement seven:</u>

Draw the vertical, the horizontal and the diagonals.

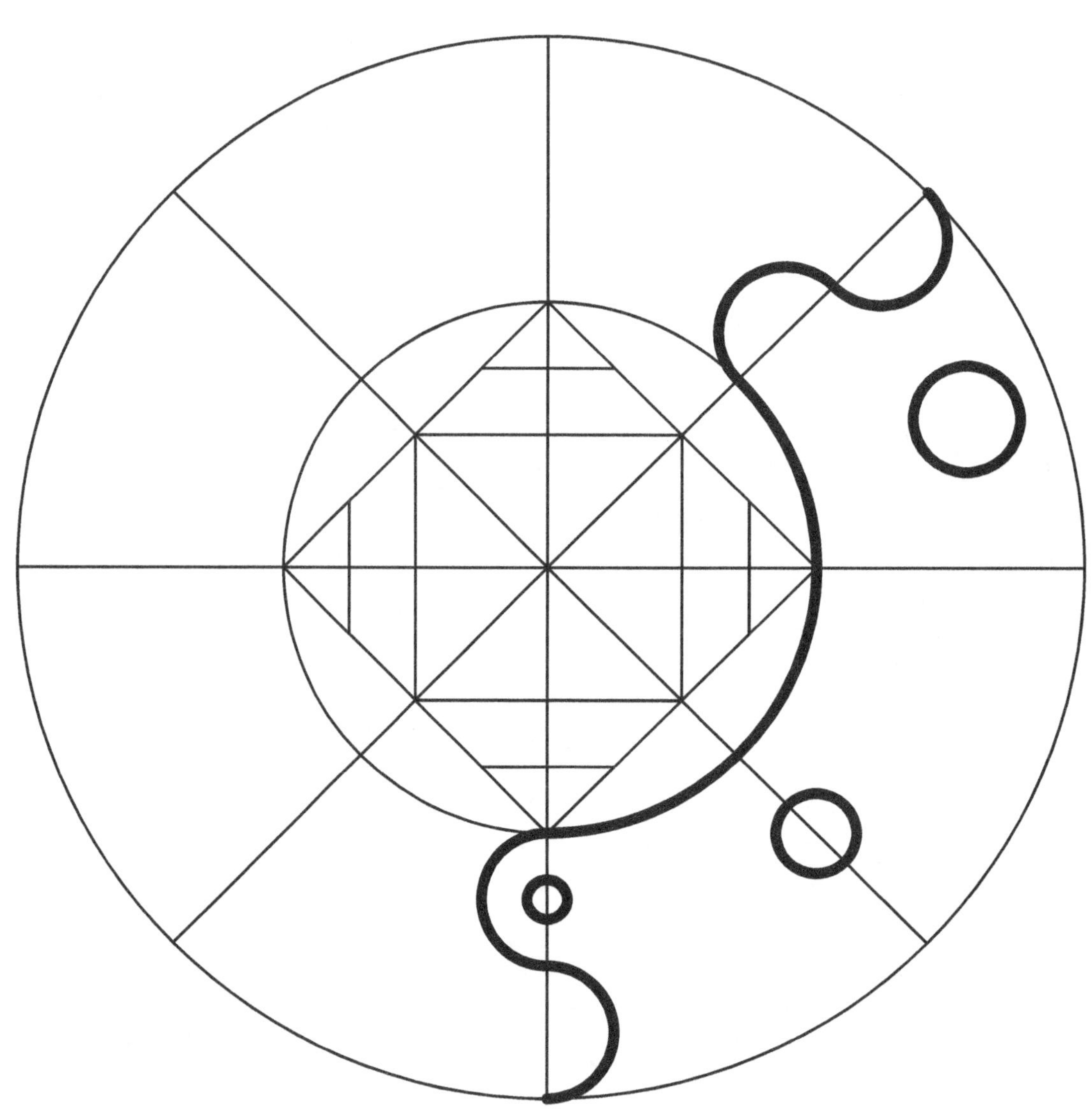

<u>第 八 招 :</u>
把 陆 地 和 海 洋 分 开 。
海 陆 分 扬

<u>Movement eight:</u>

Separate land from sea.

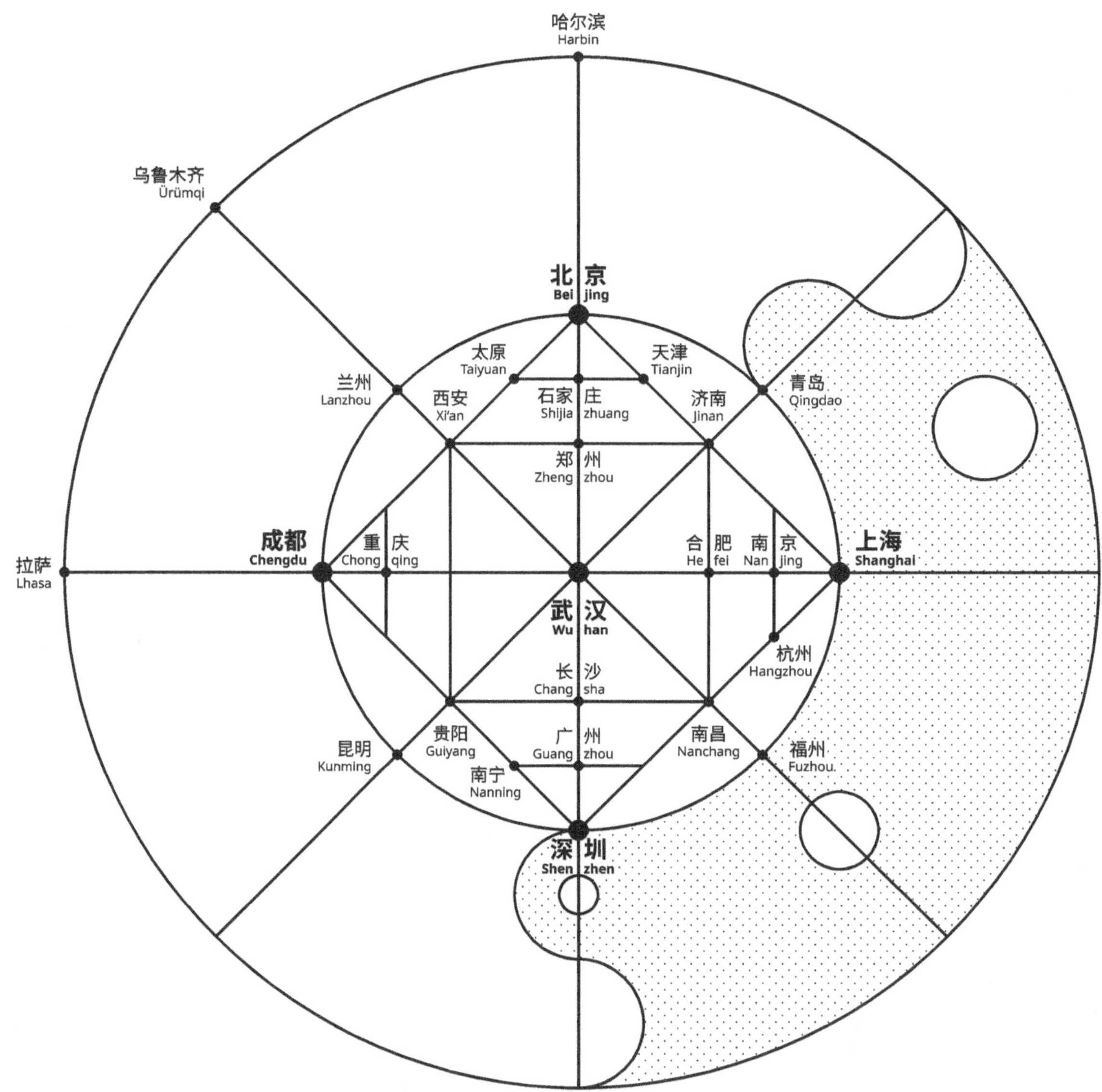

哈尔滨
Harbin
乌鲁木齐
Ürümqi
北京
Bei jing
太原
Taiyuan
天津
Tianjin
兰州
Lanzhou
西安
Xi'an
石家 庄
Shijia zhuang
济南
Jinan
青岛
Qingdao
郑 州
Zheng zhou
成都
Chengdu
重 庆
Chong qing
合 肥 南 京
He fei Nan jing
上海
Shanghai
拉萨
Lhasa
武 汉
Wu han
杭州
Hangzhou
长 沙
Chang sha
昆明
Kunming
贵阳
Guiyang
广 州
Guang zhou
南昌
Nanchang
福州
Fuzhou.
南宁
Nanning
深 圳
Shen zhen

星 罗 八 法 :

中 星 宿

Eight movements:

The Middle Constellation

练习   PRACTICE

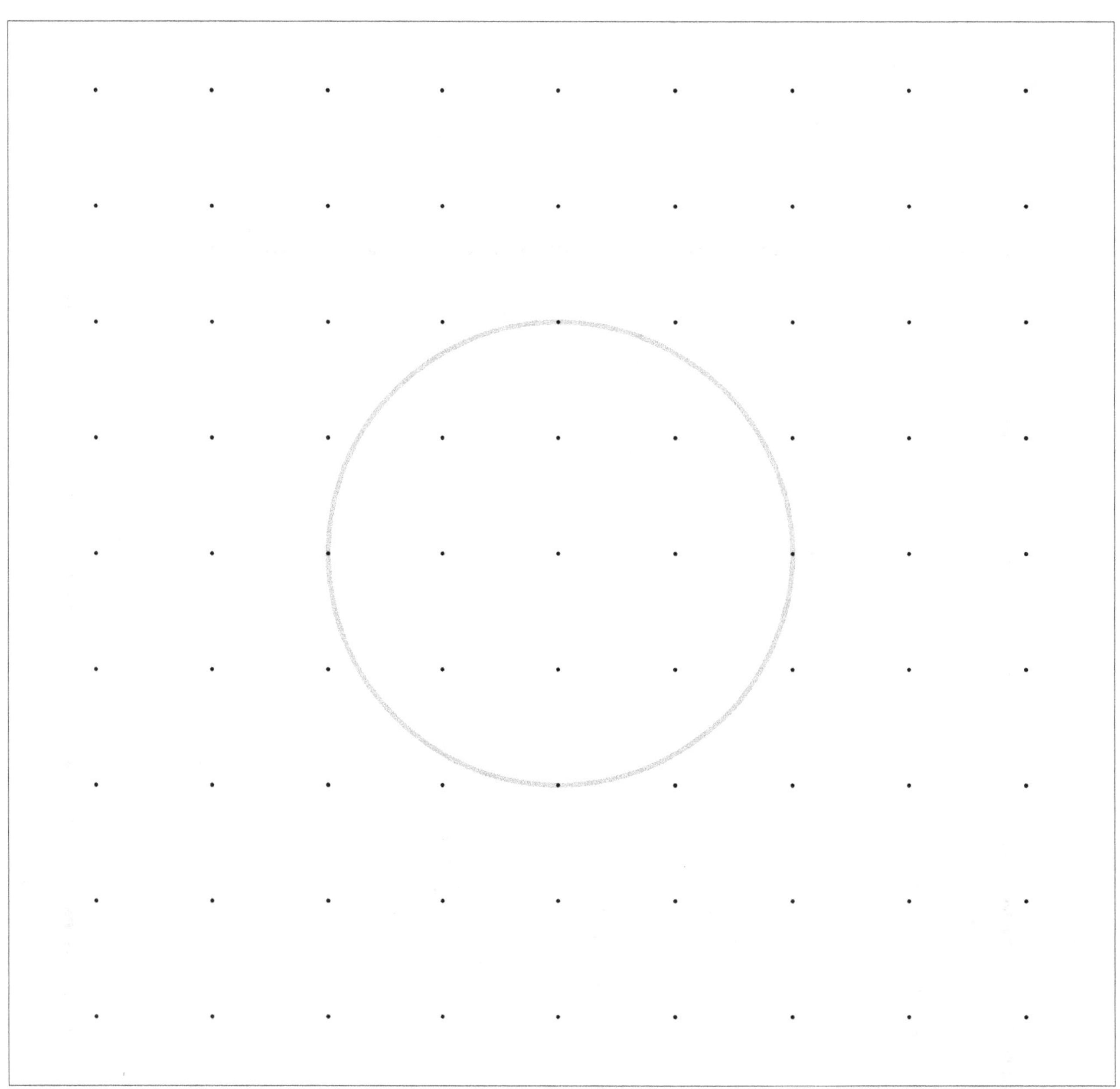

第 一 招 :
花 好 月 圆

<u>Movement one:</u>

Draw a circle.

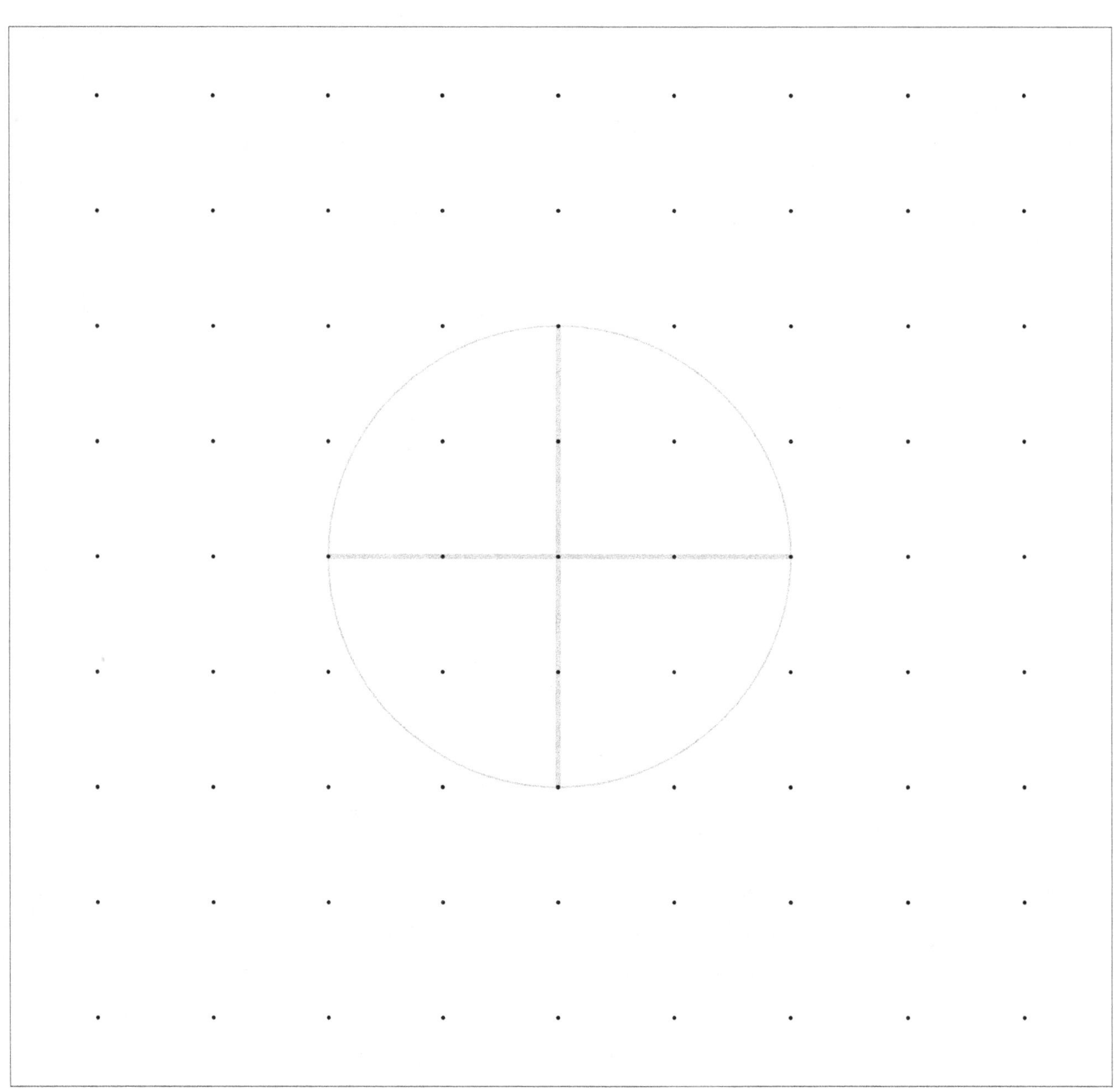

<u>第 二 招 :</u>

十 面 埋 伏

<u>Movement two:</u>

Draw a cross.

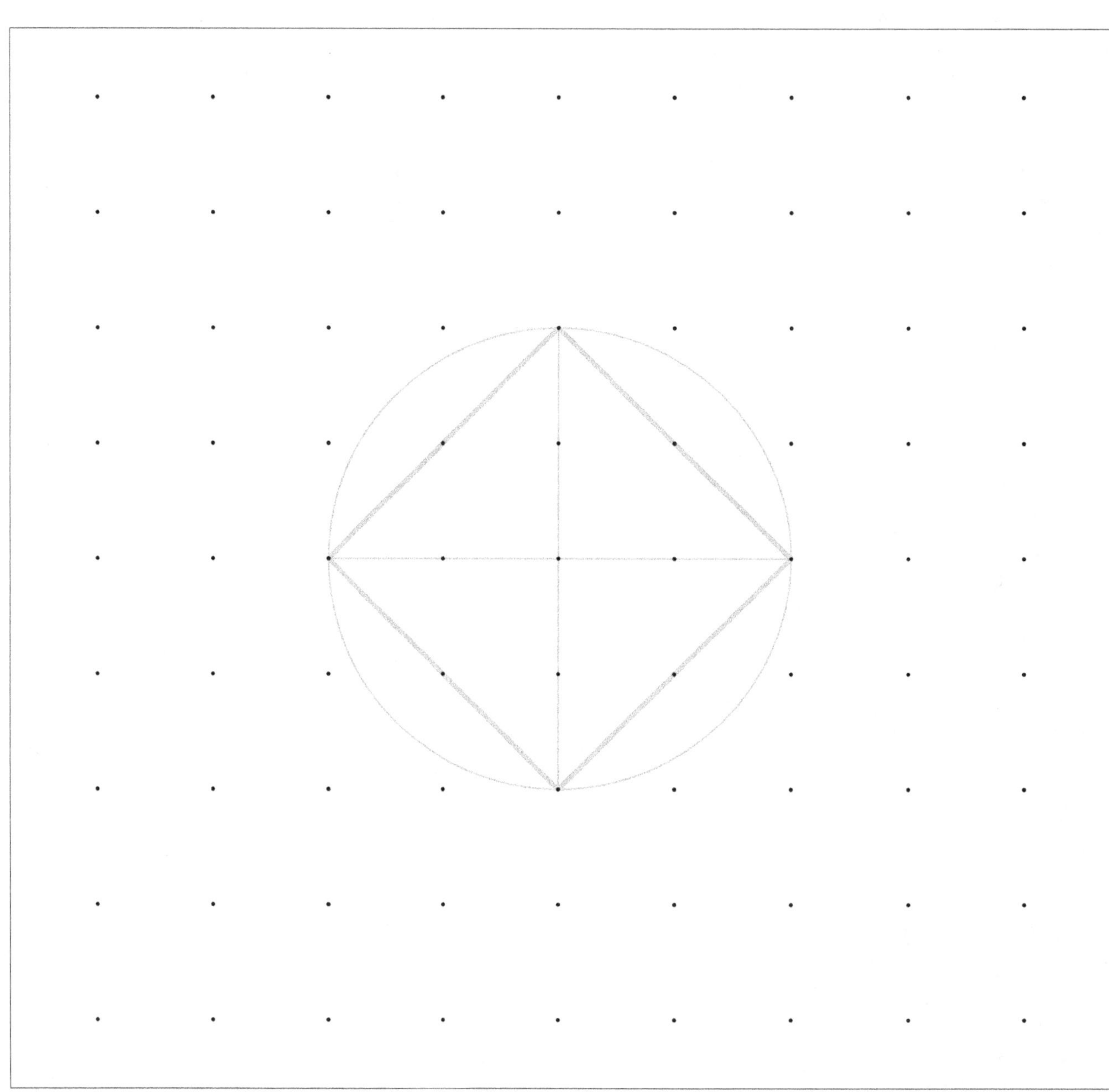

第 三 招 ：

天 圆 地 方

<u>Movement three:</u>

Draw the square within the circle.

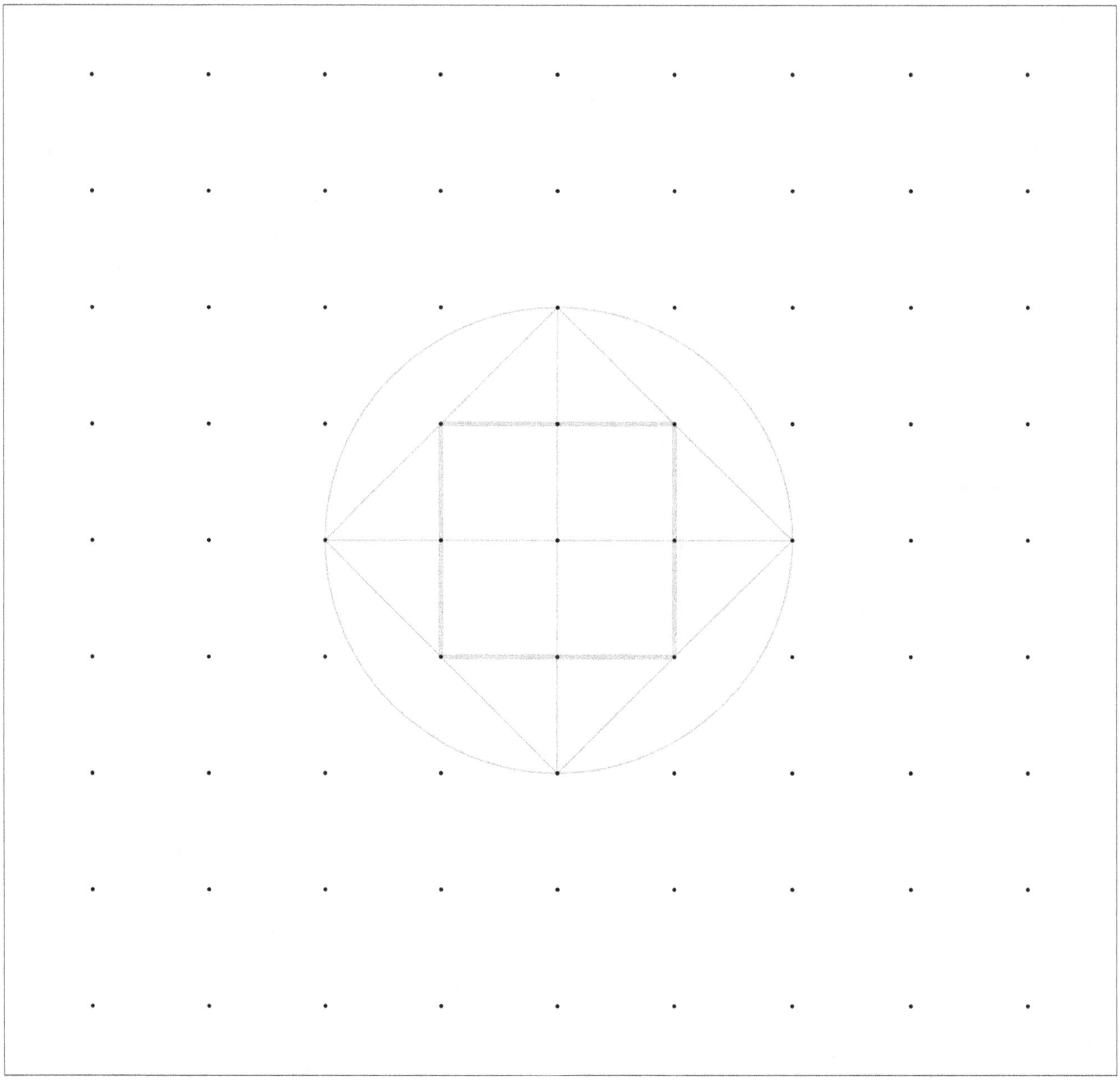

<u>第 四 招 ：</u>

外 正 内 方

<u>Movement four:</u>

Draw the square within the square.

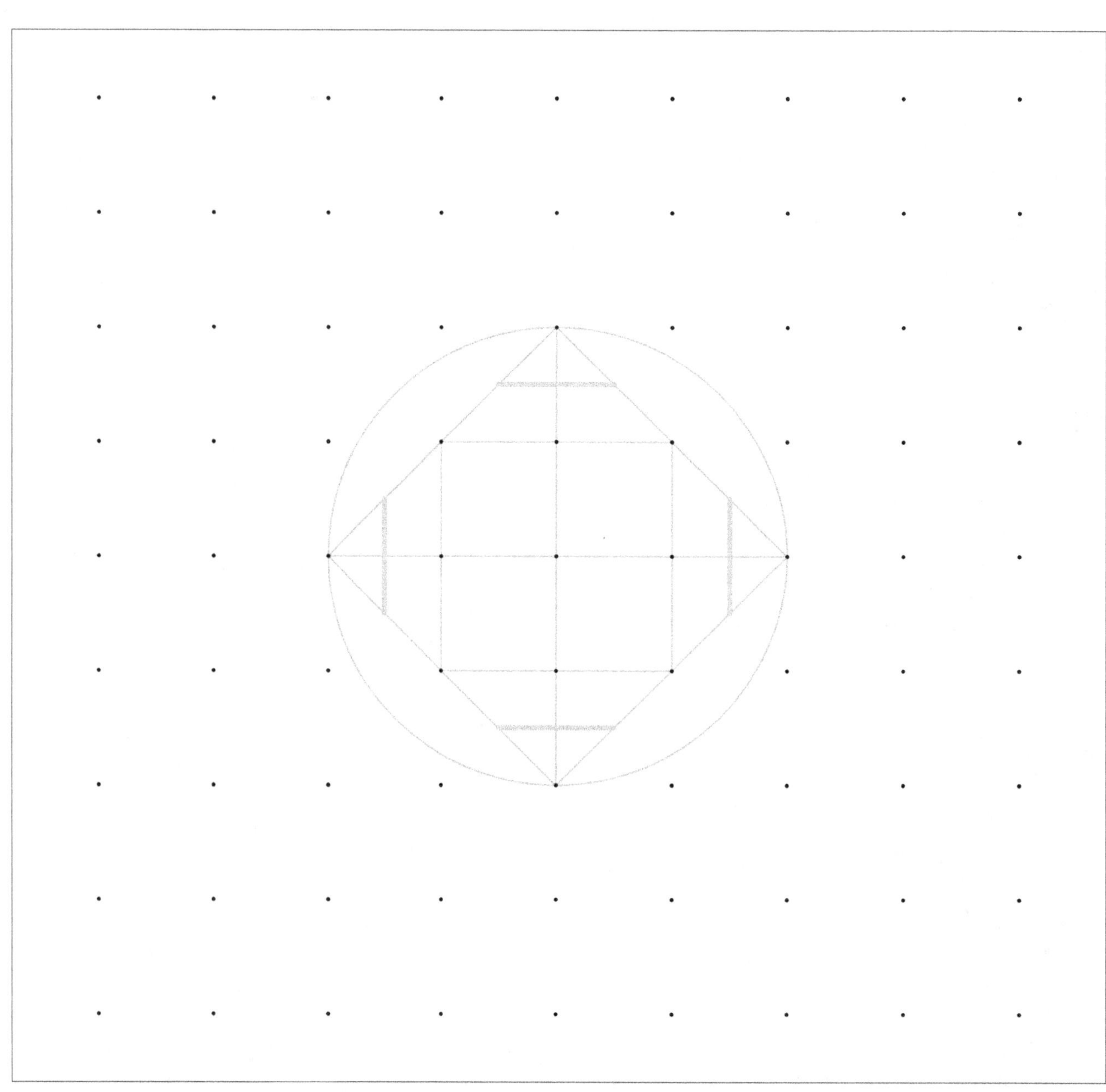

<u>第 五 招 :</u>

比 翼 双 飞

<u>Movement five:</u>

Draw the wings.

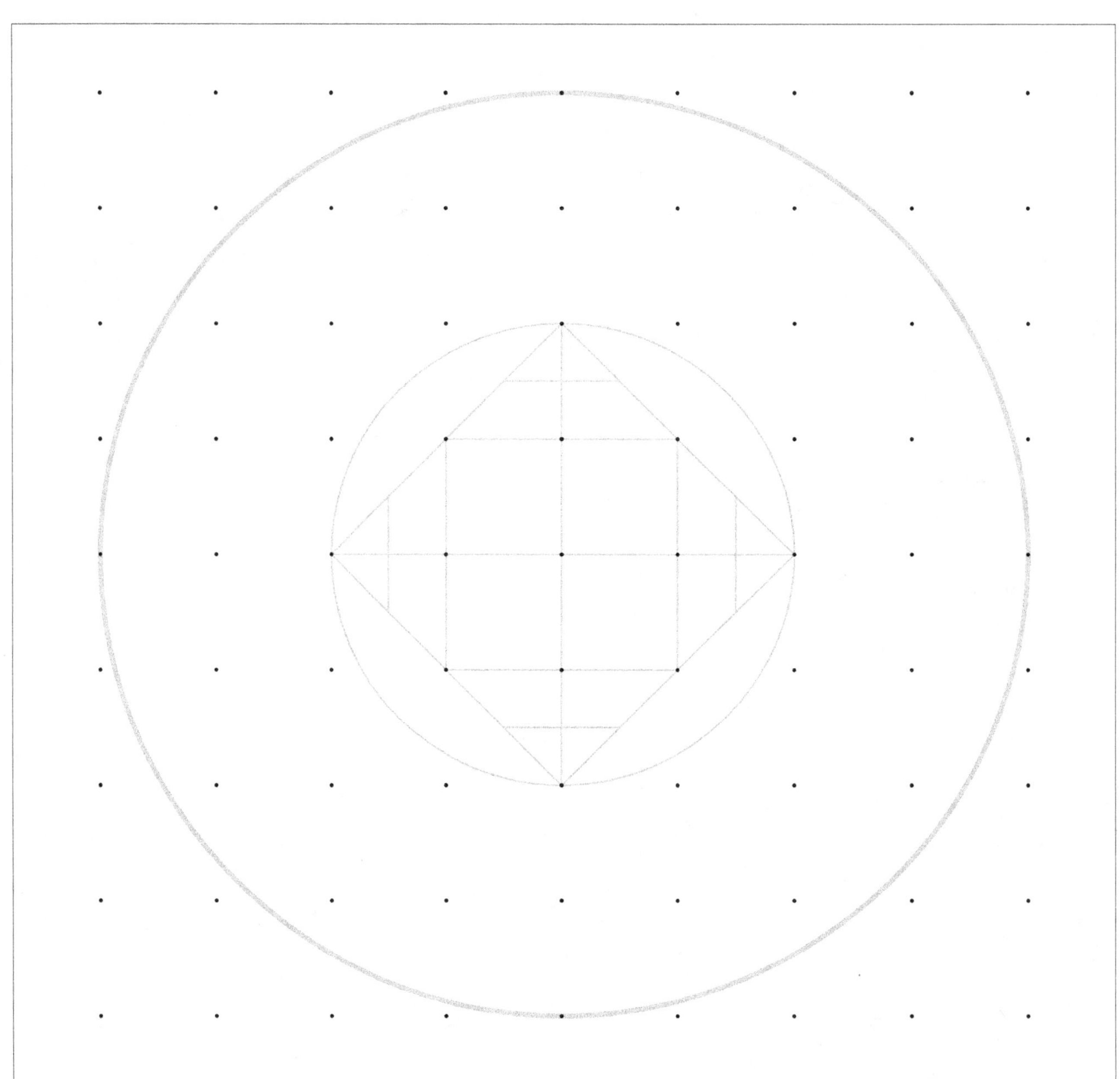

第 六 招 ：

天 外 有 天

<u>Movement six:</u>

Draw the outer circle.

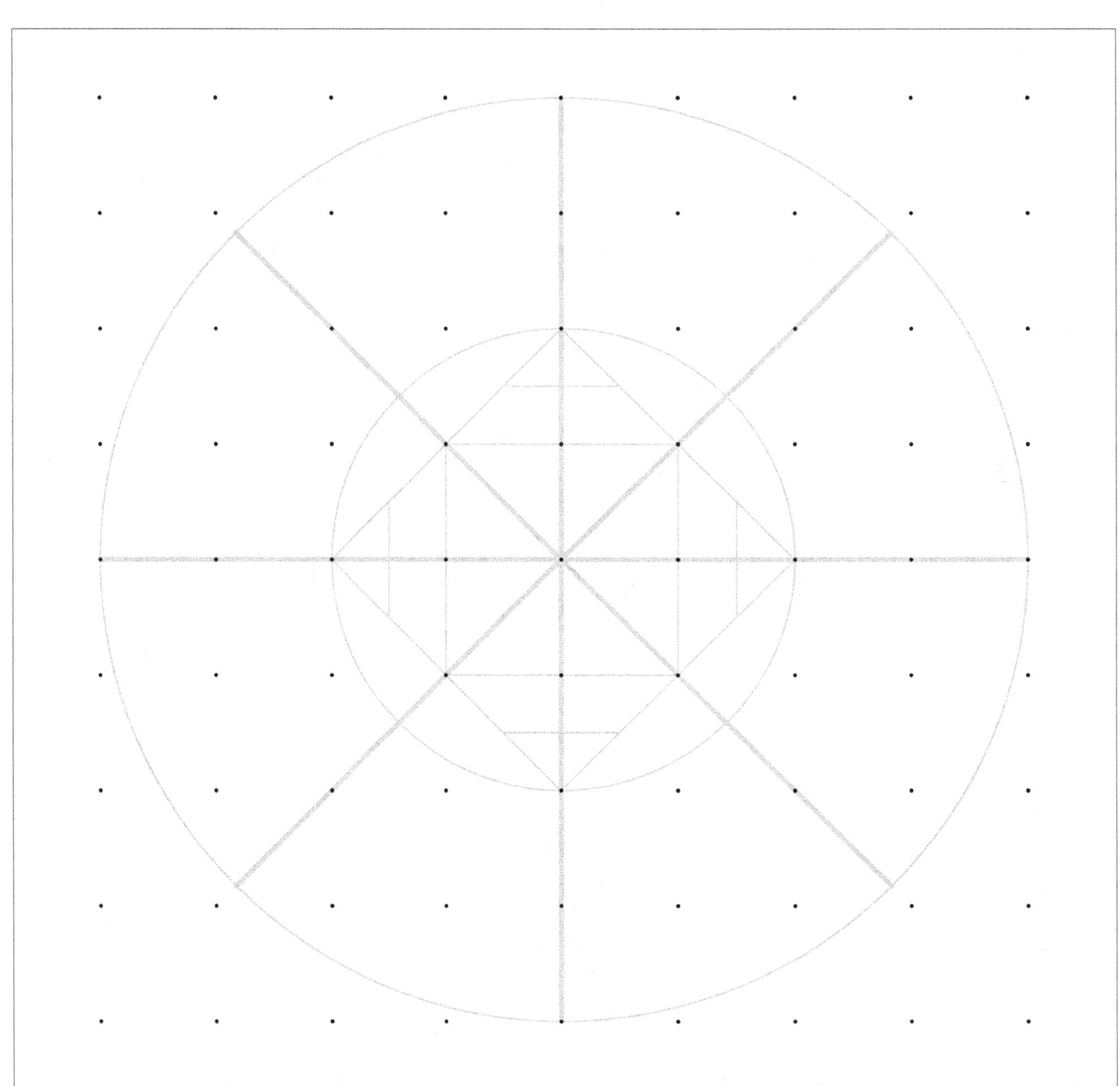

第 七 招 ：

万 丈 光 芒

<u>Movement seven:</u>

Draw the vertical, the horizontal and the diagonals.

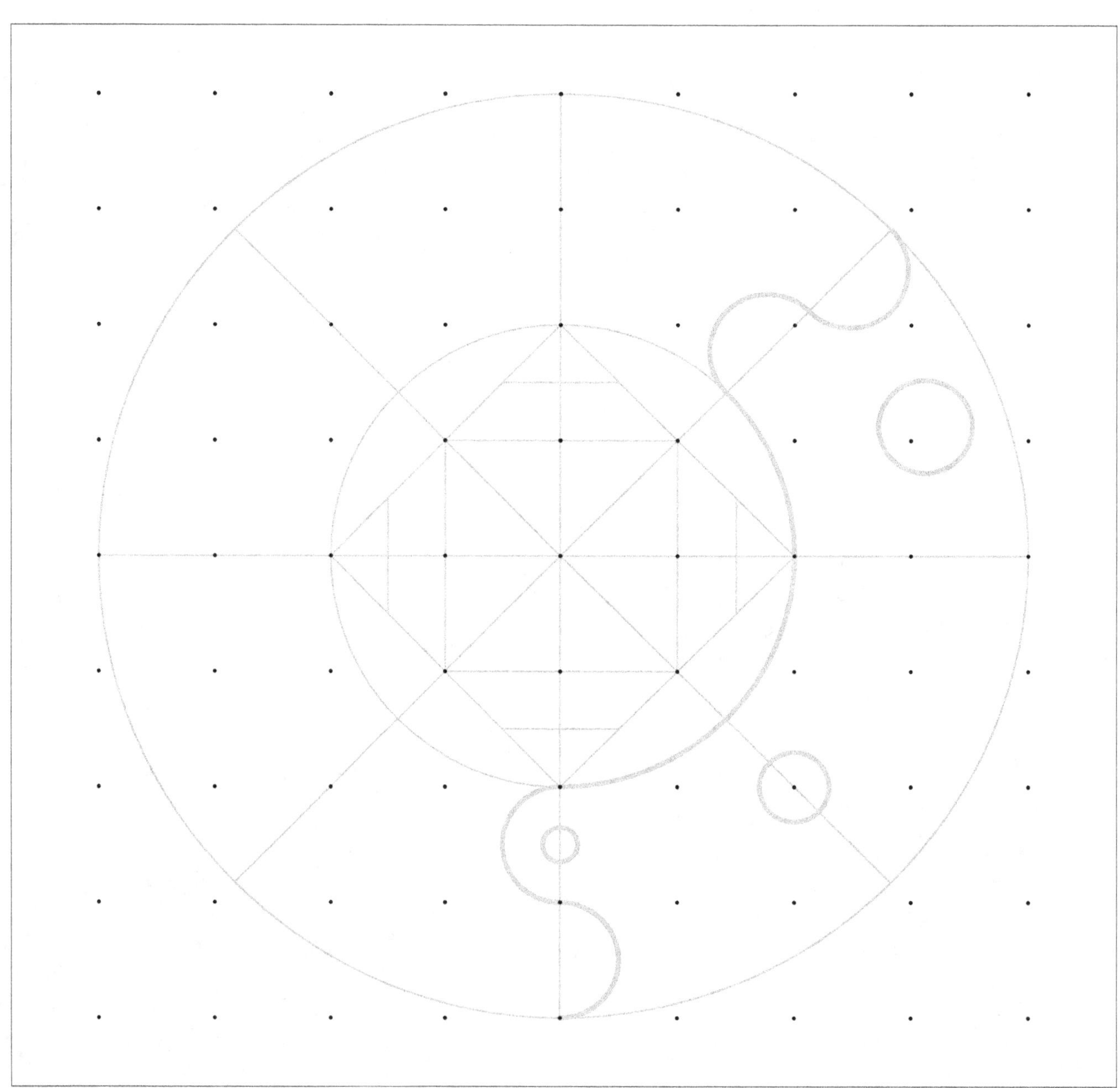

第 八 招 ：
海 陆 分 扬

Movement eight:

Separate land from sea.

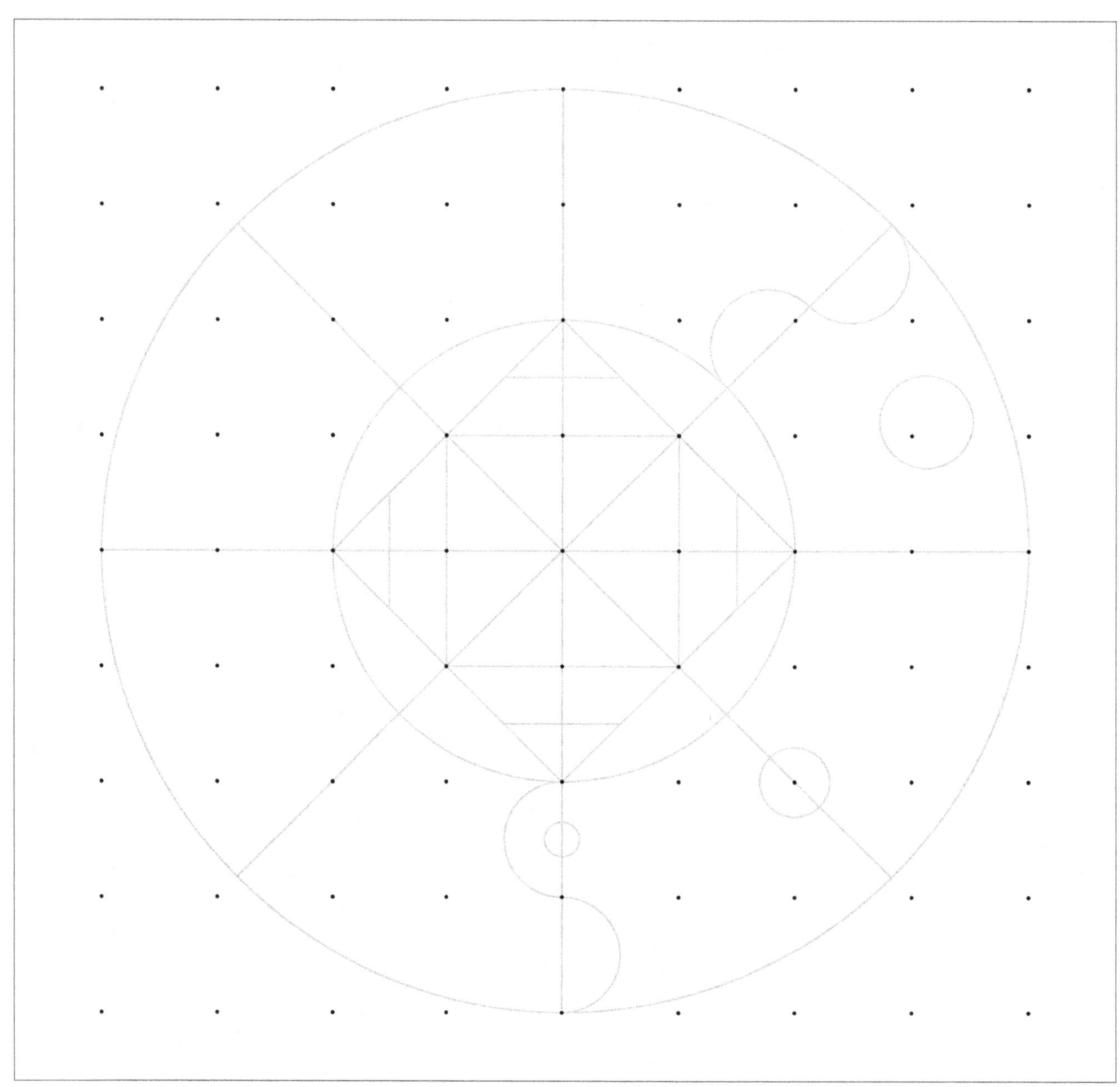

<u>星 罗 八 法：</u>

中 星 宿

<u>Eight movements:</u>

The Middle Constellation

中星宿

MIDDLE CONSTELLATION

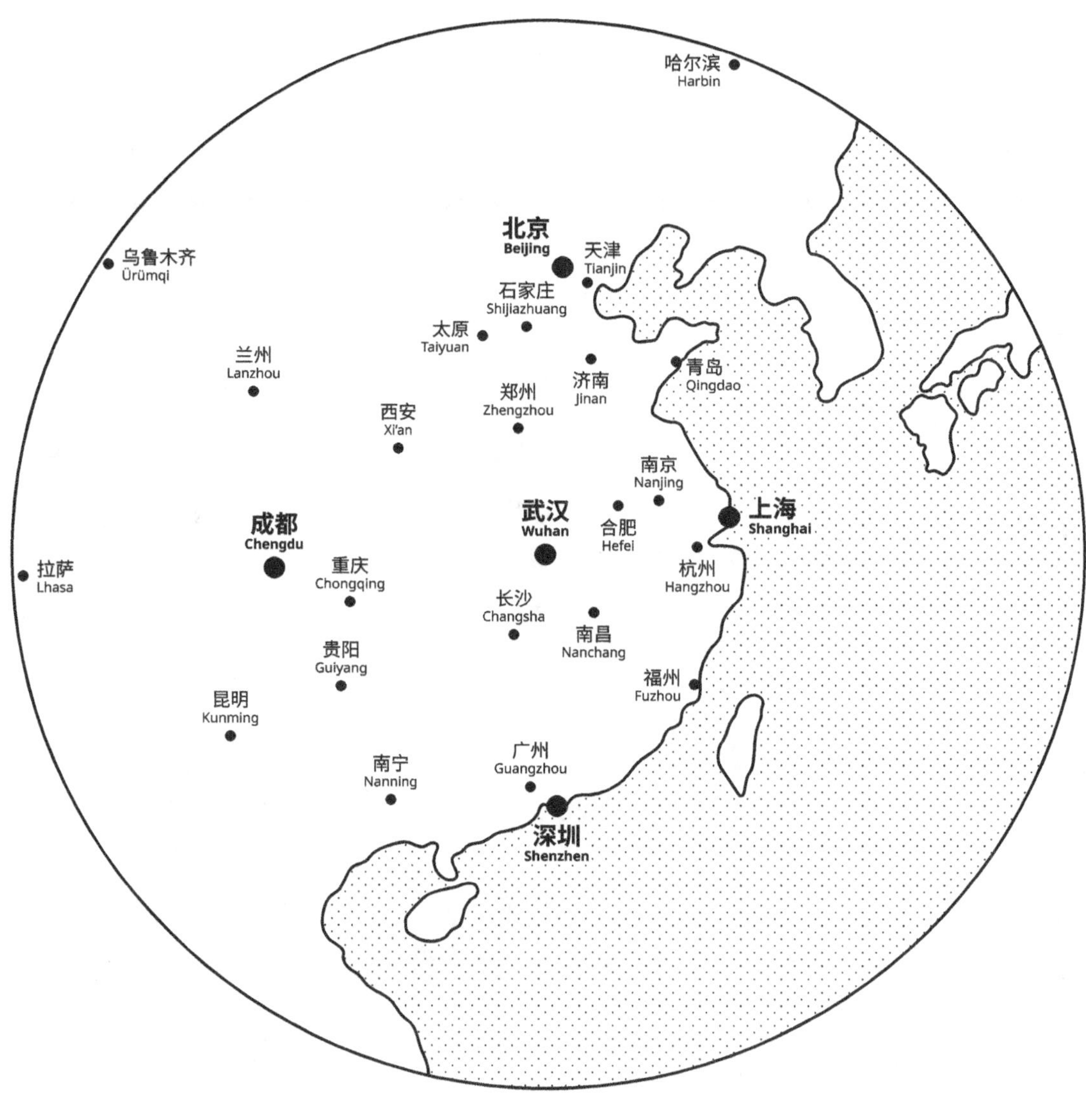

哈尔滨
Harbin
北京
Beijing
天津
Tianjin
乌鲁木齐
Ürümqi
石家庄
Shijiazhuang
太原
Taiyuan
兰州
Lanzhou
青岛
Qingdao
郑州
Zhengzhou
济南
Jinan
西安
Xi'an
南京
Nanjing
上海
Shanghai
成都
Chengdu
武汉
Wuhan
合肥
Hefei
重庆
Chongqing
杭州
Hangzhou
拉萨
Lhasa
长沙
Changsha
南昌
Nanchang
贵阳
Guiyang
福州
Fuzhou
昆明
Kunming
南宁
Nanning
广州
Guangzhou
深圳
Shenzhen

地理位置图解

GEOGRAPHIC

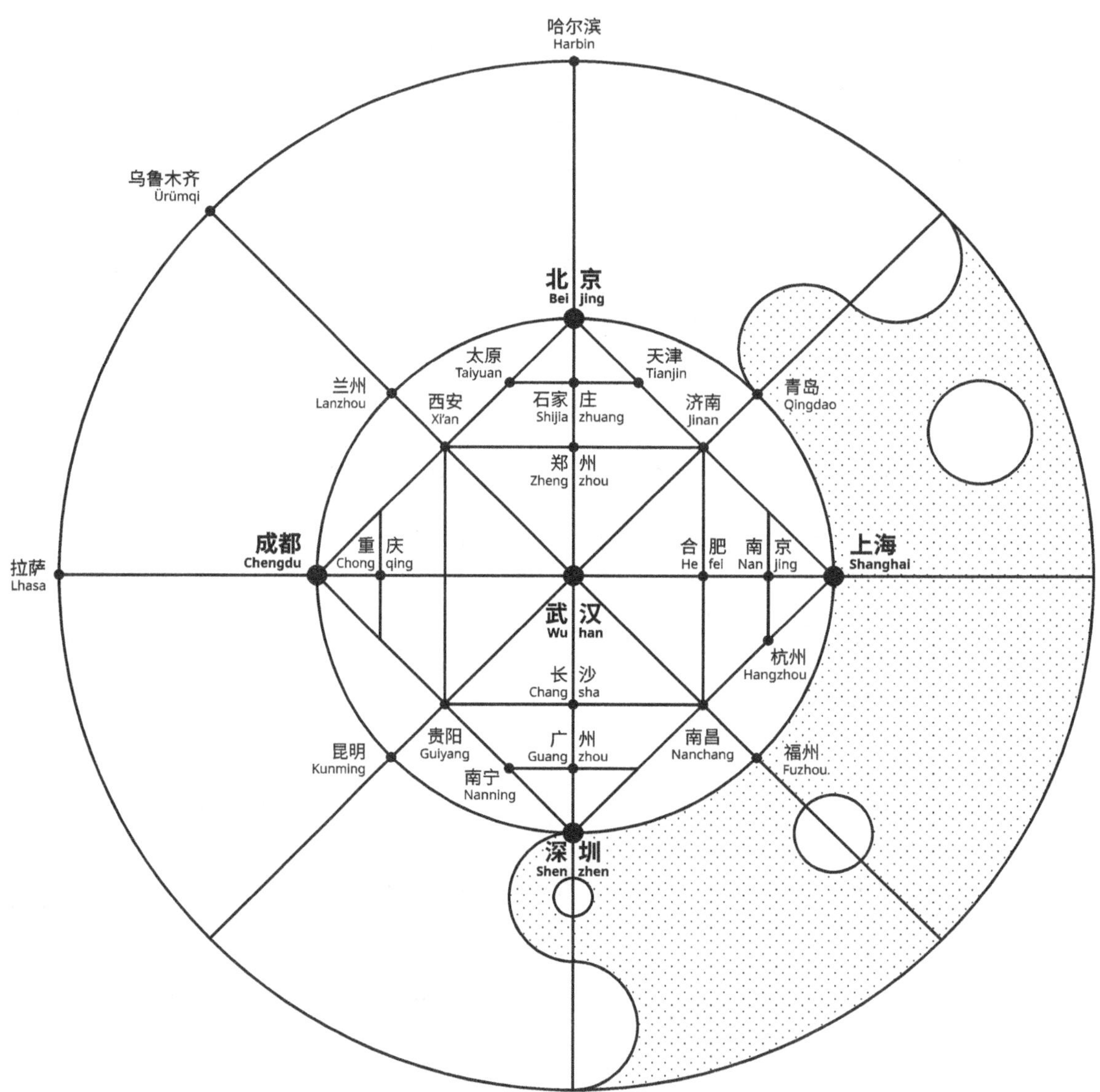

哈尔滨
Harbin
乌鲁木齐
Ürümqi
北京
Bei jing
太原
Taiyuan
天津
Tianjin
兰州
Lanzhou
西安
Xi'an
石家庄
Shijia zhuang
济南
Jinan
青岛
Qingdao
郑州
Zheng zhou
成都
Chengdu
重庆
Chong qing
合肥
He fei
南京
Nan jing
上海
Shanghai
拉萨
Lhasa
武汉
Wu han
杭州
Hangzhou
长沙
Chang sha
昆明
Kunming
贵阳
Guiyang
广州
Guang zhou
南昌
Nanchang
福州
Fuzhou
南宁
Nanning
深圳
Shen zhen

示意图

SCHEMATIC

作者简介

BIOGRAPHY

作 者 简 介

域 格 · 切 洛 维 奇 是 塞 尔 维 亚 和 法 国 的
建 筑 师 及 地 图 绘 制 家 。

其 作 品 主 要 探 讨 结 构 与 美 感 之 间 的 关 系 。
著 名 代 表 为 一 系 列 关 于 地 铁 的 艺 术 创 作 ，
作 品 中 象 征 性 的 结 构 深 刻 传 达 出 和 谐 的
美 感 。

作 者 认 为 将 网 络 图 像 艺 术 化 对 于 如 何 将
复 杂 的 系 统 转 化 成 思 维 形 象 至 关 重 要 。
当 我 们 所 认 知 的 现 实 成 为 抽 象 无 形 ，
符 号 则 相 对 成 为 一 种 现 实 。
地 图 其 实 就 是 相 互 联 系 的 一 种 系 统 呈 现 。

Jug Cerović is a Serbian and French architect and mapmaker.
A central theme in his work is the relationship between structure
and beauty.

He became known for a series of artworks depicting metro networks
as harmonious structures anchored by symbolic shapes.

He posits that network diagrams, as works of art, are essential in
shaping our mental image of a complex system. When reality proves
intangible, the symbol becomes the reality. The map is the network.

中 星 宿

作 者： 域 格 · 切 洛 维 奇
创 意 总 监： 莎 夏 · 沙 世 奇
书 籍 设 计： 安 雅 · 梅 亚 奇
英 文 校 正： 亚 历 山 大 · 博 康 - 吉 博 德
中 文 翻 译： 邱 惠 祺

MIDDLE CONSTELLATION

Author: *Jug Cerović*
Creative Director: *Sasha Sasic*
Book Design: *Anja Mejač*
English Editing: *Alexander Boccon-Gibod*
Translation to Chinese: *Huichi Chiu*

10. 2021
ISBN 978-2-9561822-5-2